JN322515

今日から
モノ知り
シリーズ

トコトンやさしい

バイオミメティクスの本

下村 政嗣　編著
高分子学会 バイオミメティクス研究会　編

46億年という時間の中で、生物は驚くべき機能や特徴を獲得しました。
しかも完全なエコシステムを実現しています。
生物の生き様には次世代テクノロジーの
ヒントが満載です。
そのヒントを技術に活かすことが、
「バイオミメティクス」です。

B&Tブックス
日刊工業新聞社

はじめに

2015年5月、〝バイオミメティクス〟の国際標準が発効しました。〝バイオミメティクス〟って、舌を噛みそうな言葉ですね。〝生物模倣〟と書くと堅苦しそうですが、実は〝生物に学ぶ〟という古くからある考え方で、鳥を観察して飛行機の設計図を引いたレオナルド・ダ・ヴィンチにまで遡ると言っても過言ではありません。合成繊維ナイロンは〝蚕（カイコ）〟が紡ぐ絹糸を真似、マジックテープで知られるベルクロ（面状ファスナー）は植物の種である〝ひっつきむし（オナモミ）〟にヒントを得、ウレタン樹脂製の台所スポンジは海の生物〝カイメン〟を模倣したものです。そんなに古くから私たちの身のまわりにあるバイオミメティクスなのに、なぜ、今さら国際標準化が必要なのでしょう。

ボン大学の植物園では、ハスの葉の表面に形成されるナノメータからマイクロメータに至る階層的な微細構造が超撥水性をもたらすことから、ロータス効果という登録商標のもとにセルフ・クリーニング（自己洗浄）効果を有する塗料を開発しました。メルセデス・ベンツは、〝ハコフグ〟の骨格構造からデザイン最適化を行うことでバイオニック・カーを開発しました。ルフトハンザドイツ航空では省エネ効果を図るために、エアバスA340の機体表面に〝サメ肌リブレット〟という微細な構造を施し、耐久性などの実験を始めました。このような技術潮流と産業界の動向を背景にして、2011年、ドイツ政府はバイオミメティクスの国際標準化を提案したのです。

2007年に発行されたドイツ政府の「生物多様性に対する国家戦略」では、動植物をヒントにすることでロータス効果のような革新的技術が開発されることに言及しています。また、2009年に提言された「日本経団連生物多様性宣言」においても、「自然の摂理と伝統に学ぶ技術開発を推進し、生活文化のイノベーションを促す」ことの重要性が説かれています。2010年にサンディエゴ動物園は、ダ・ヴィンチ・インデックスという指標を用いて、バイオミメティクスが様々な産業分野において技術革新をもたらし、「15年後には年間3000億ドルの国内総生産、160万人の雇用をうむ」という経済予測をしています。

生物多様性とは、長い時間をかけて多様な環境において進化適応した結果であり、壮大なるコンビナトリアル・ケミストリーだと考えることができます。つまり、生物多様性に学ぶバイオミメティクスとは、生物の生き残り戦略にヒントを得て人類の未来を築くこと、即ち、持続可能性に向けたパラダイム変換と技術革新を意味しています。

文部科学省は平成24年度から5年間にわたる「生物多様性を規範とする革新的材料技術」（略称：生物規範工学）という新しい学術領域プロジェクトを発足しました。我が国初となる博物学、理学、工学、農学、医学、環境学、情報学、経済学などの異分野連携プロジェクトです。本書は、「生物規範工学」プロジェクトの成果を含め、産学連携のプラットフォームである高分子学会バイオミメティクス研究会の編集のもとに、今、世界が注目しているバイオミメティクスについて解説いたしました。

2016年3月

下村 政嗣

トコトンやさしい

バイオミメティクスの本

目次

第3章 情報の受信と発信の仕組みに学ぶ

第4章 生物の構造とメカニズムに学ぶ

第5章 生物の設計とものつくりに学ぶ

第6章 生物の相互作用やシステム、生態系から学ぶ

第7章 様々な分野や学問が融合するバイオミメティクス

第8章
バイオミメティクスとこれからの社会

第1章

生物の形や仕組みは
テクノロジーにいかせる

1 バイオミメティクスがある日常

ナイロン、マジックテープ、新幹線

biomimetics（バイオミメティクス）という言葉を耳にしたことがありますか？　bioは生物や生命にかかわる接頭語。mimeticは擬態や模倣を意味するmimesisの形容詞で、mimesisの動詞はパントマイムのmime。mimeticの語尾にsがついたmimeticsは名詞形になり、強いて訳せば、擬態物、模倣物、模倣すること。つまり、バイオミメティクスとは、生物を真似たもの、生物を模倣すること、生物に学ぶこと、であり学術的には生物模倣と訳されます。

私たちの身のまわりには生物に真似たいろんなものがあること、ご存知でしたか？　ナイロンの総称で知られるポリアミド系合成繊維は、米国の大手化学会社DuPont（デュポン）社のWallace Carothers（ウォーレス・カロザース）博士が1935年に発明したバイオミメティクスの代表例です。〝くもの糸より細く、絹よりも美しく、鋼鉄より強い〟といったキャッチフレーズで丈夫なストッキングに使われたナイロンは、カイコが作る絹糸の基本骨格であるポリペプチド構造を模倣したもので、〝石炭と空気と水〟を原料にして化学的に製造したポリアミドと呼ばれる合成高分子を繊維化したものなのです。

我が国ではマジックテープ（クラレの商標）として知られている面状ファスナーは、1940年代にスイスのGeorge de Mestral（ジョルジュ・デ・メストラル）が植物の種が動物の毛に付着することを模倣して開発した製品で、世界的には彼が起こした会社名でもあるVELCRO®として知られています。

空力音による騒音問題は、高速走行する新幹線の課題です。元JR西日本の技術者で日本野鳥の会の会員である仲津英治氏は、フクロウの風切羽にあるセレーションという構造を模倣するとパンタグラフの騒音が減り、カワセミのくちばし形状を模倣すると〝トンネルドン〟と言われる騒音が減ることを500系新幹線で実証しました。

要点BOX
- 絹糸を模倣したナイロン
- ひっつきむしに真似たマジックテープ
- 鳥に学ぶ新幹線の技術

カイコ、絹糸、ナイロン

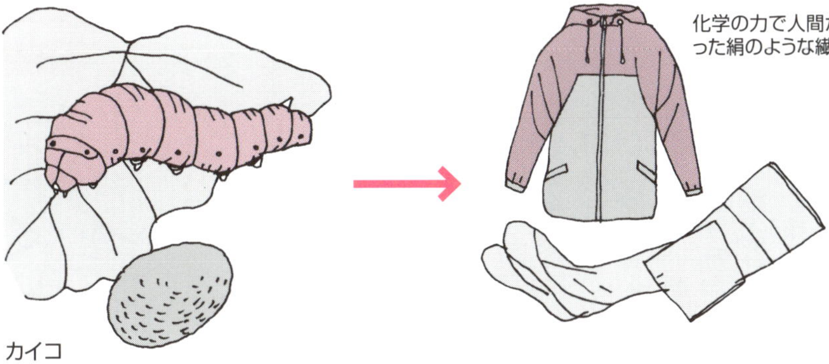
化学の力で人間が作った絹のような繊維

カイコ

マジックテープ

オナモミ

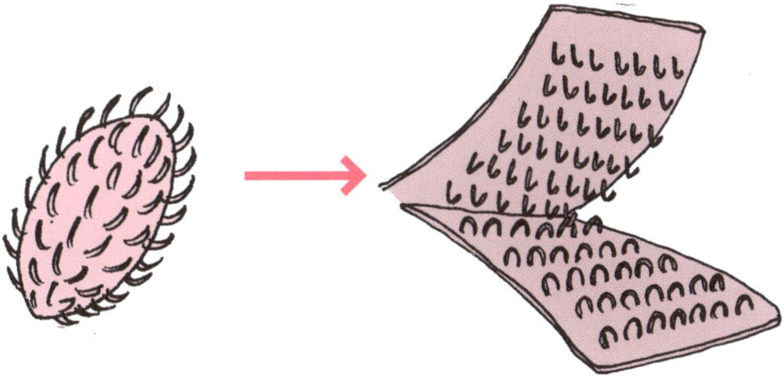

新幹線

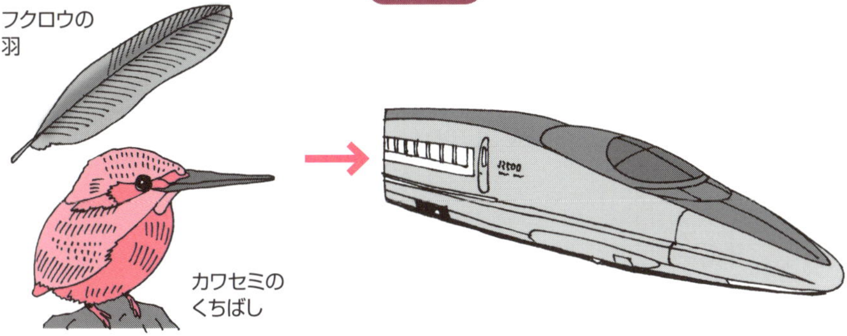
フクロウの羽
カワセミのくちばし

2 古くて新しいバイオミメティクス

歴史はダ・ヴィンチからはじまる

〝生物に学ぶ〟ことは古くからある考え方で、レオナルド・ダ・ヴィンチが「鳥の飛翔に関する手稿」や「パリ手稿」において、鳥の飛翔メカニズムの考察をもとに様々な飛行機械の設計をしていることは有名です。バイオミメティクスという言葉は、米国の神経生理学者Otto Schmitt（オットー・シュミット）が命名したもので、1950年代後半には論文に記載されています。シュミットは、神経システムにおける信号処理を模倣して、入力信号からノイズを除去し矩形波に変換する電気回路として知られている「シュミット・トリガー」を発明しました。これはノイズに強いスイッチとして使われる基本的な回路です。

1970年代後半になり、酵素や生体膜などを分子レベルで模倣しようとするBiomimetic Chemistryという学術潮流が興ります。生体触媒である酵素の反応部位がX線構造解析によって明らかになり、有機化学者が生体反応を分子論的に解明したのです。80年代に盛んになった人工光合成の研究は色素増感太陽電池開発の基礎となり、ゲルの研究は人工筋肉などの発明をもたらしました。その後、分子生物学の展開によって遺伝子を中心として生命現象を解明する研究が生物学の主流になっていくなかで、1980年代後半からはLangmuir-Blodgett（LB）膜や分子エレクトロニクス、インテリジェント・マテリアルなどの台頭と相まって、〝分子系バイオミメティクス〟の主流は「分子集合体の化学」や「超分子化学」に向かいナノテクノロジーの基礎を作りました。

機械工学の分野でも、昆虫の飛翔や魚の泳ぎを真似たロボット、コウモリの反響定位や昆虫の感覚毛を模倣したソナーやセンサが開発されました。〝機械系バイオミメティクス〟のトレンドは、軍事産業、鉄道・船舶、航空機産業、マイクロマシン・MEMS分野、エコ家電製品などに反映されています。

要点BOX

- ●命名者が発明した電気回路、シュミット・トリガー
- ●第1世代は化学の分野で
- ●センサやロボットの分野でも

総合的工学体系としての生物規範工学

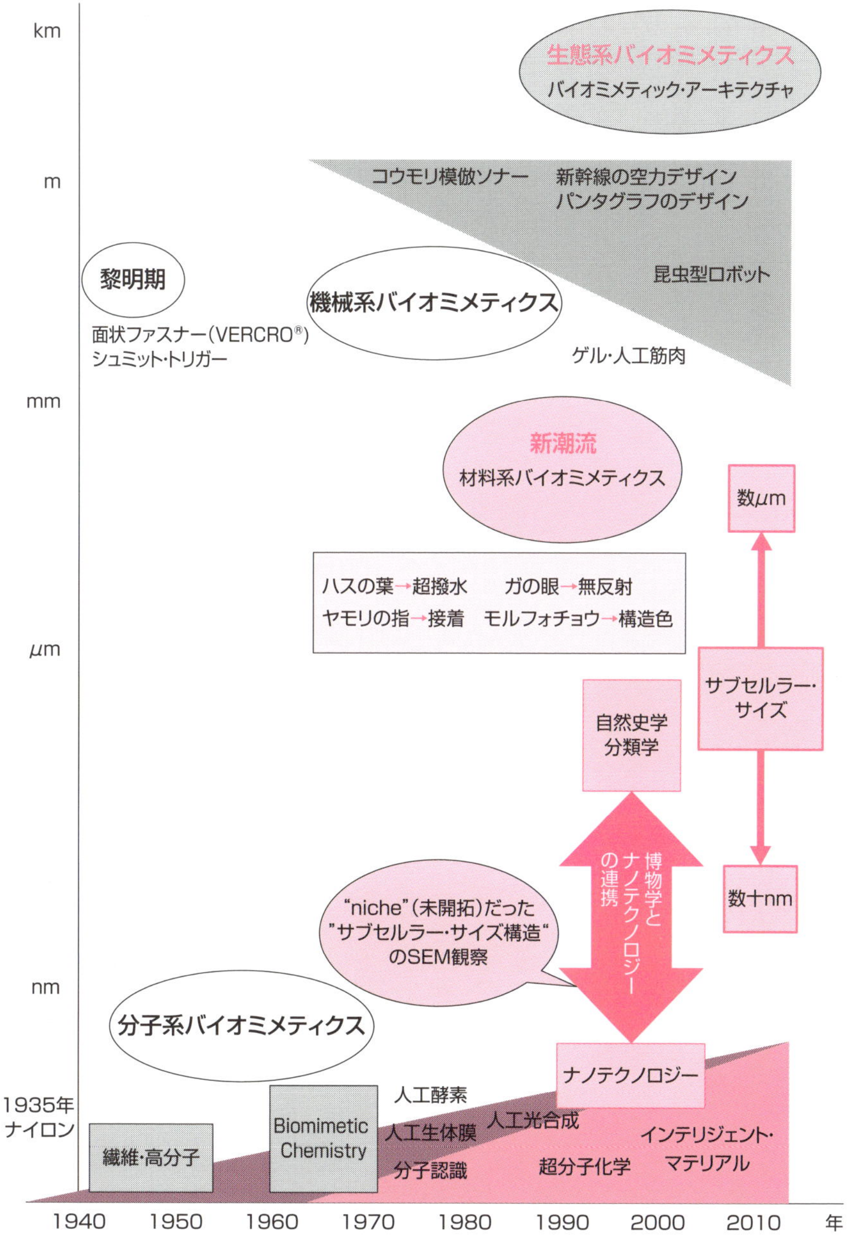

km
m
mm
μm
nm
生態系バイオミメティクス
バイオミメティック・アーキテクチャ
コウモリ模倣ソナー
新幹線の空力デザイン
パンタグラフのデザイン
昆虫型ロボット
ゲル・人工筋肉
黎明期
面状ファスナー（VERCRO®）
シュミット・トリガー
機械系バイオミメティクス
新潮流
材料系バイオミメティクス
ハスの葉→超撥水
ガの眼→無反射
ヤモリの指→接着
モルフォチョウ→構造色
数μm
サブセルラー・サイズ
数十nm
自然史学
分類学
博物学とナノテクノロジーの連携
"niche"（未開拓）だった
"サブセルラー・サイズ構造"
のSEM観察
分子系バイオミメティクス
ナノテクノロジー
1935年
ナイロン
繊維・高分子
Biomimetic Chemistry
人工酵素
人工生体膜
分子認識
人工光合成
超分子化学
インテリジェント・
マテリアル
1940
1950
1960
1970
1980
1990
2000
2010
年

3 バイオテクノロジーとはちがう！

生物の生き残り戦略からの技術移転

生物の表面には様々な構造があり、多くの場合、ナノからマイクロに至る領域において階層性を持っています。この大きさは、ナノテクノロジーの対象となる領域です。今世紀に入り、世界的なナノテクノロジー研究の展開により、走査型電子顕微鏡が広く普及しました。生物学者は、それまでニッチであったナノ・マイクロ構造を明らかにしはじめました。ハスの葉の超撥水性、ヤモリや昆虫の足の接着性、サメ肌の流体抵抗低減化、ガの眼の持つ無反射性、モルフォチョウの鱗粉が放つ構造色など、生物表面に形成されるナノ・マイクロ構造に起因する特異な機能を模倣して、テフロンを使わない撥水材料、接着物質を使わない粘着テープ、スズ化合物を使わない船底防汚材料、金属薄膜を使わない無反射フィルム、色材を用いない発色繊維などが開発されています。

これらの開発の多くは、博物学と呼ばれる自然史学や分類学とナノテクノロジーの連携によってなされたものです。ナノテクノロジーが従来の科学技術と際だって異なる特徴は、その対象物の大きさが電子顕微鏡による観察や解析を不可欠とするサイズであり、それゆえに、共通の観察・解析手法を通した生物学と材料科学の連携の可能性を内包することにあります。生物学者が明らかにした生物の持つ表面階層構造をヒントにして、材料ナノテクノロジーの研究者がその構造モデルを人工的に製造し、構造に起因した機能発現の機構を明らかにするとともに、生物機能を模倣した人工的な材料を開発する、〝材料系バイオミメティクス〟とも言うべき潮流が新たに興ったのです。

バイオミメティクスは、生物機能の本質を物理的、化学的に明らかにして、人間のテクノロジーに技術移転して再現しようとするものであり、発酵や醸造、遺伝子工学のように生物を使ってものつくりをするバイオテクノロジーとは違う技術なのです。

要点BOX
- ●博物学とナノテクノロジーが拓く新材料
- ●ナノ・マイクロ構造が持つ機能
- ●生物から工学への技術移転

材料系バイオミメティクス　五題噺

1

モルフォチョウの
鱗粉が放つ構造色
⇩
色材を用いない
発色繊維

2

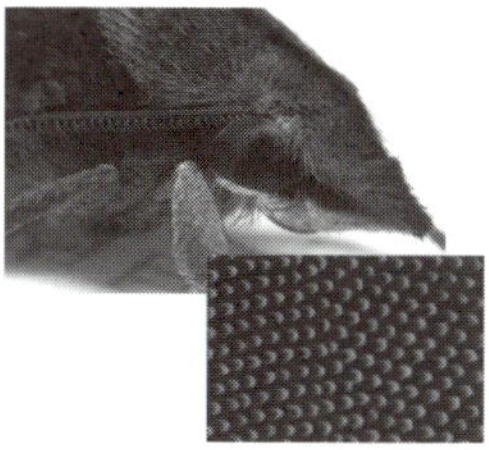

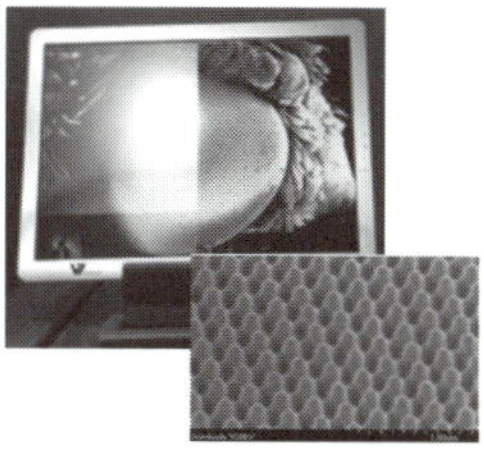

ガの眼の持つ
無反射性
⇩
金属薄膜を使わない
無反射フィルム

3

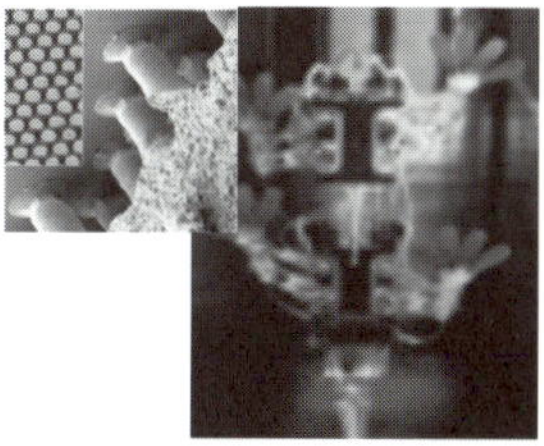

ヤモリや昆虫の足の
接着性
⇩
接着物質を使わない
粘着テープ

4

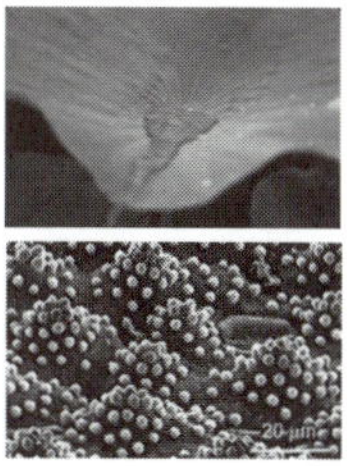
20 μm

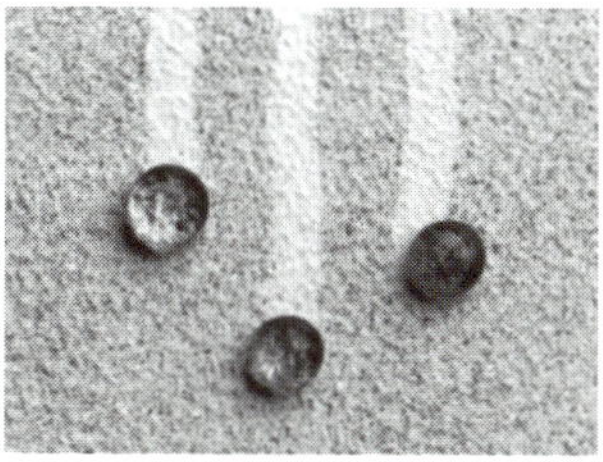

ハスの葉の
超撥水性
⇩
テフロンを使わない
撥水材料

5

サメ肌の
流体抵抗低減化
⇩
低抵抗の表面構造

4 生物模倣技術から生物規範工学へ

技術革新をもたらすパラダイム変換

やや極端な言い方をすると、産業革命以来「人間の技術体系」は、「化石資源や原子力をエネルギー源」とし、「鉄、アルミ、シリコン、そして希少元素」などを原料として、「高温、高圧条件やリソグラフィ」を駆使してものを作り、情報や価値を生み出してきました。一方、植物や動物は、「太陽光や化学エネルギー」を用いて、「炭素を中心とする有機化合物、汎用元素（CHOPINS、〝i〟はinorganicの意）」を主として、「常温、常圧で分子集合や自己組織化」によって、場合によっては「時間」をかけながらものを作る、「生物の技術体系」とも言うべき仕組みを持っています。地球環境の持続可能性の観点からすると、「生物の技術体系」は低環境負荷です。〝高炭素社会による完全な炭素循環〟が達成されているのです。

2つの技術体系では、〝生産プロセス〟や〝作動原理〟、〝システム制御〟における規範とも言うべきパラダイムが異なっています。例えば、Lotus効果として知られているハスの葉表面の超撥水性は、物理化学的にはCassie Baxter効果と呼ばれるナノ・マイクロスケールにおける表面の凸凹構造に起因しています。一方人間は、表面自由エネルギーが低いフッ素化合物を用いて超撥水材料を作っています。貝殻はバイオミネラリゼーションと呼ばれる常温・常圧の自己組織化プロセスで形成される丈夫な有機・無機複合体です。一方、陶器などの人工のセラミクスの製造には焼結などの高温プロセスが不可欠です。

生物の多様性は、長い進化の過程において様々な環境に適応した結果であり、〝壮大なるコンビナトリアル・ケミストリー〟だと考えることができます。〝生物の多様性〟に学び〝人間の叡智〟を組み合わせることで、生物のパラダイムに基づく技術革新、つまり「生物規範工学」とも言うべき工学体系を創ることがバイオミメティクスの現代的な意義なのです。

要点BOX
- ●生物多様性はコンビナトリアル・ケミストリー
- ●持続可能性をもたらすパラダイム変換

バイオミメティクスの現代的意義

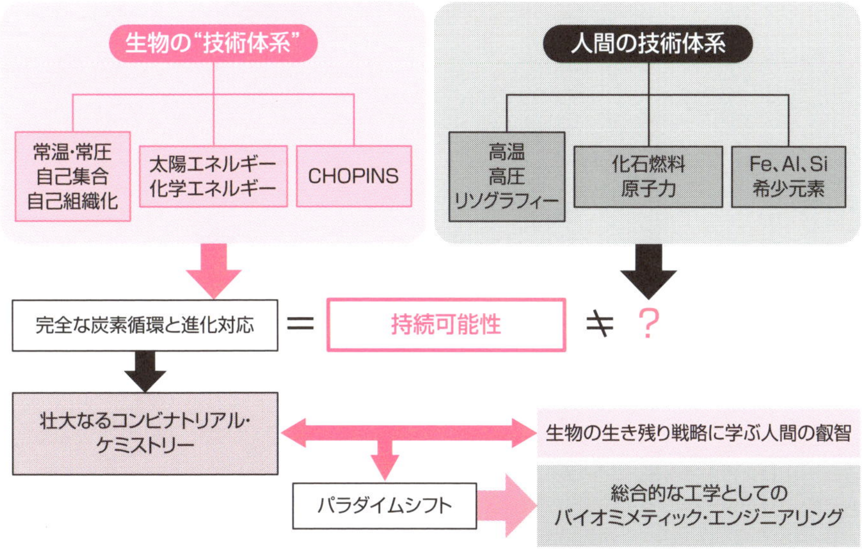
生物の"技術体系"
常温・常圧
自己集合
自己組織化
太陽エネルギー
化学エネルギー
CHOPINS
人間の技術体系
高温
高圧
リソグラフィー
化石燃料
原子力
Fe、Al、Si
希少元素
完全な炭素循環と進化対応
=
持続可能性
≠
?
壮大なるコンビナトリアル・ケミストリー
生物の生き残り戦略に学ぶ人間の叡智
パラダイムシフト
総合的な工学としての
バイオミメティック・エンジニアリング

作動原理のパラダイムシフト

撥水:

ハスの葉
構造(凸凹)

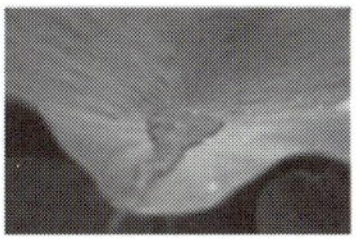

VS

防水加工
物質(テフロン®)

Teflon

製造プロセスのパラダイムシフト

セラミックス:

貝殻
常温・常圧
バイオミネラリゼーション
軽量・強靭

VS

陶器
高温焼成
もろく硬い

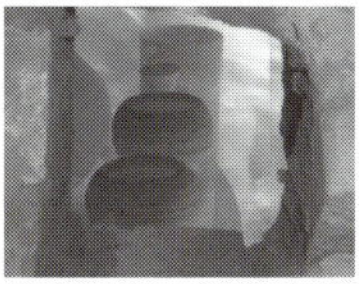

5 バイオミメティクスは世界を救う？

経済と環境の両立

２０１０年にSan Diego動物園は、〝Global Biomimicry Efforts：An Economic Game Changer〟と題する報告書において「米国においてバイオミミクリーの分野が、15年後に年間３０００億ドルの国内総生産、２０２５年までに１６０万人の雇用をもたらす」と予測しました。２０１０年に名古屋で開催された生物多様性条約第10回締約国会議に先駆けて２００９年に提言された「日本経団連生物多様性宣言」においても、「自然の摂理と伝統に学ぶ技術開発を推進し、生活文化のイノベーションを促す」ものであるバイオミミクリーとして「絹糸の新繊維への応用」や「ハスの葉の微細構造の撥水技術の応用」などが紹介されています。バイオミミクリーとは、バイオミメティクスなのです。

経団連の生物多様性宣言の背景には、２００８年にドイツのボンで開催されたＣＯＰ９に向けたドイツ政府と産業界の動向があります。２００７年にドイツ政府が出版した白書〝National Strategy on Biological Diversity〟では〝biological diversity and its innovation potential〟という節において、生物多様性が動植物をヒントにした高性能技術の開発を可能にすることに言及し、Lotus効果や新幹線を紹介しています。ＣＯＰ９では、民間企業による生物多様性保全活動を目的とした〝Biodiversity in Good Company〟が発足し、さらに２０１１年にドイツ規格協会は国際標準化機構に対して、バイオミメティクスに関する新しい技術委員会設立の提案を行いました。

今、世界が改めてバイオミメティクスに注目するのはなぜでしょうか。生物多様性の背景にある〝生物の生き残り戦略〟の本質を抽出し、それらを規範として「人間の技術体系」にパラダイムシフトをもたらすことが、持続可能性に資する技術革新をもたらすものと期待されているからなのです。

要点BOX

- 産業界が注目
- 始まった国際標準化の動き

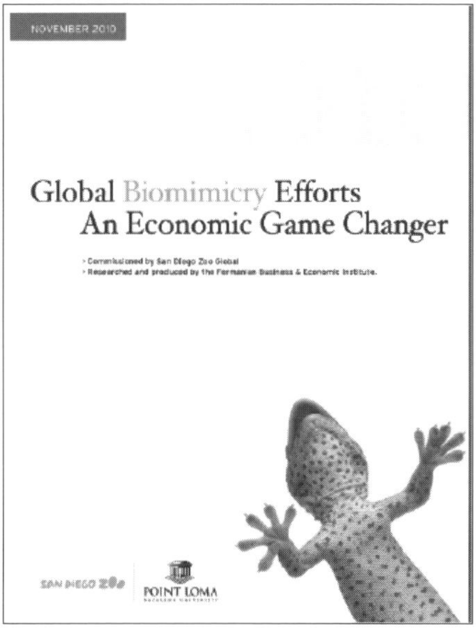
NOVEMBER 2010
Global Biomimicry Efforts
An Economic Game Changer
SAN DIEGO ZOO
POINT LOMA

A Short Profile of the Initiative
BIODIVERSITY
IN GOOD
COMPANY
WITHOUT
BIOLOGICAL
DIVERSITY
NO ECONOMIC
DIVERSITY

Federal Ministry for the
Environment, Nature Conservation
and Nuclear Safety
NATIONAL STRATEGY
ON BIOLOGICAL
DIVERSITY

図:サンディエゴ動物園のレポート表紙(左上)、ドイツ政府の白書の表紙(左下)、Biodiversity in Good Companyのパンフレット表紙(右)、
http://www.business-and-biodiversity.de/fileadmin/user_upload/documents/Die_Initiative/Zentrale_Dokumente/Flyer_en_ShortProfile.pdf

Column ①

バイオミミクリーと バイオミメティクス

経済の流れを変えるバイオミミクリーとは何か？　バイオミミクリーとは、米国のJanine Benyus（ジャニン・ベニュス）さんが２００２年に出版した本「Biomimicry: Innovation Inspired by Nature」（邦訳「自然と生体に学ぶバイオミミクリー」）の題名であり、彼女もまた、バイオミメティクスの現代的な意義である持続可能性への寄与を説いています。〝バイオミミクリー〟と〝バイオミメティクス〟のニュアンスの違いには、シュミットがバイオミメティクスを命名してから半世紀、エネルギーや資源、環境問題が問われる現在において、「人間の技術体系」に対する見直しが背景にあるのです。

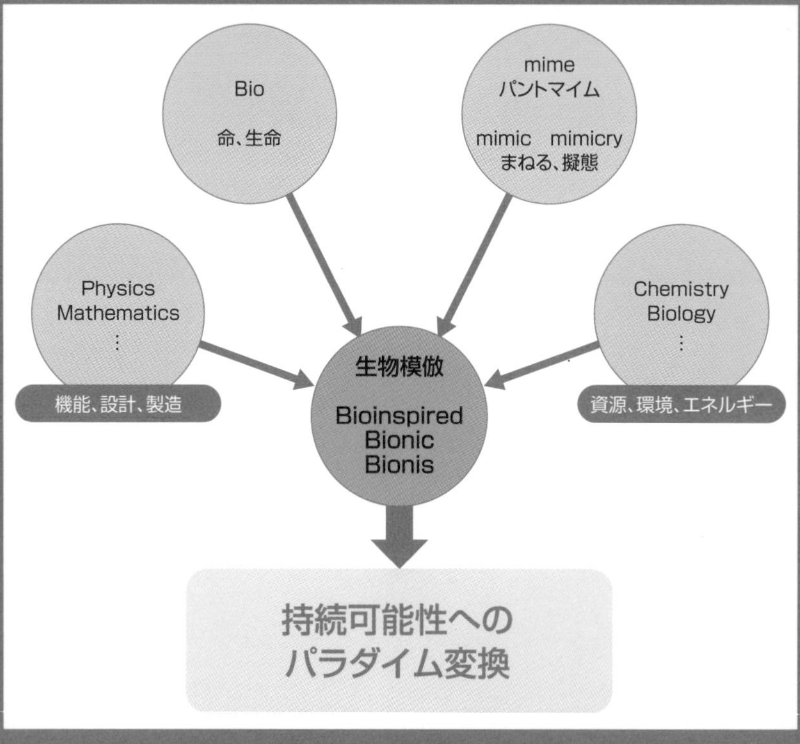

Bio
命、生命
mime
パントマイム
mimic　mimicry
まねる、擬態
Physics
Mathematics
：
機能、設計、製造
Chemistry
Biology
：
資源、環境、エネルギー
生物模倣
Bioinspired
Bionic
Bionis
持続可能性への
パラダイム変換

第2章 生物表面の多機能性や高機能性に学ぶ

6 ハスの葉の超撥水性を塗料や織物に応用する

テフロン不用！

水をはじく（撥水性）あるいは水に濡れる（親水性）といった我々に身近な現象は、その物質が持つ固有の表面エネルギーと表面形状によって決まります。一般にテフロンのようなフッ素系化合物は表面エネルギーが低く、水との相互作用が小さいため高い撥水性を示します。この表面に凸凹構造が付与されると、表面に空気がかみこむようになるため、水に対してさらに濡れにくくなり超撥水性（学術的な定義ではありませんが、一般的に水滴の接触角が150°を超える表面を超撥水性表面といいます）を示すようになります。ハスの葉がそのよい例です。「蓮は泥より出でて泥に染まらず」と言われるように、ハスの葉が驚異的な撥水性を示すことはよく知られています（図1）。

1997年、ドイツ、ボン大学のWilhelm Barthlott教授は、ハスの葉の表面微細構造に注目し、ハスの葉には超撥水性とセルフクリーニング（自浄性）効果があることを見い出しました（ロータス効果）。図2に示すように、ハスの葉表面には5～15μmの突起物がそれぞれ20～30μmの間隔を持って空間配置されており、突起物表面は分泌されたプラントワックスの微結晶で覆われています。このプラントワックスは水に対して十分に低い表面エネルギーを持ちます。このように、ハスの葉表面は、ナノ～マイクロメータースケールの階層性を持つ凸凹構造（物理的効果）と分泌されるプラントワックス（化学的効果）との相乗効果により、超撥水性とセルフクリーニング機能を発現させています。ロータス効果を利用した塗料や繊維がすでに商品化されており（図3）、バイオミメティクス研究の成功事例の1つとして知られています。超撥水性に関する研究は90年代に日本を中心に進められてきました。最近のバイオミメティクスブームにも相まって再び活況があり、世界中で研究されています。

要点BOX

●ハスの葉は空気を上手に使い超撥水性を実現
●凸凹構造とプラントワックスによる相乗効果

図1 ハスの葉の超撥水性

図2 ハスの葉表面の状態

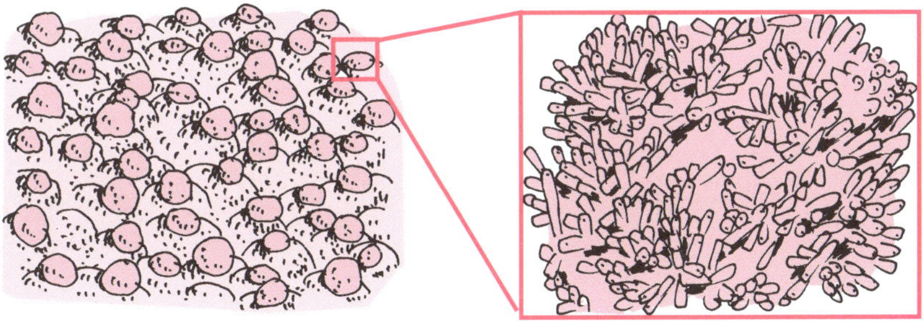

プラントワックス
（Plant Wax）

図3 超撥水性塗料と繊維

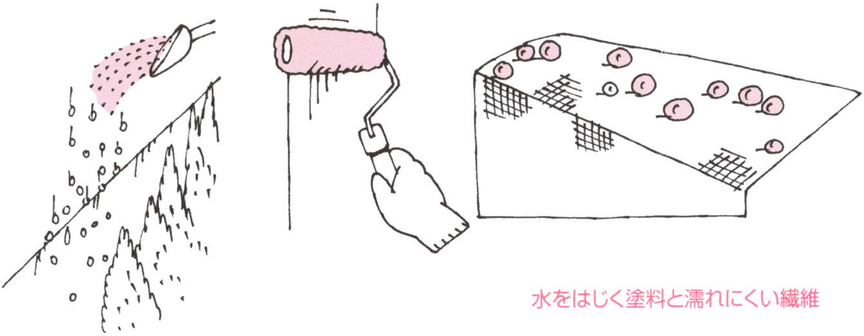

水をはじく塗料と濡れにくい繊維

7 生物の粘液分泌能を模倣した機能材料

離漿現象

　バイオミメティクスの対象となる液体も、水だけでなく、油、血、マヨネーズといった粘性の高い液体や氷雪へと広がりつつあります。これまでの人工表面は、機械的/化学的な損傷や異物の付着が生じると永久にその表面機能が損なわれてしまいます。これに対し生物（例えば、なめくじ）は、体内から分泌される粘液を利用して優れた表面機能（自己洗浄、防汚機能）を発現・持続させています。このような生物の〝粘液分泌能〟を模倣し、固体表面に組み入れることができれば、人工表面の欠点を克服することができるのではないかと考えました。

　そこで、日常生活でしばしば目にする〝離漿（りしょう）：ヨーグルトやプリンのようなゲルから水分が押し出される現象〟（図1）に着目し、ゲルや樹脂内部から液体成分がじわじわと表面に浮き出す機能を持った新しい材料（SLUG＝なめくじ＝Self-Lubricating Organogel）を開発しました。ゲルの中に油（例えばアルカン（C_nH_{2n+2}で表される鎖式飽和炭化水素、n＝10、12、14、16））を添加して作製したSLUGを室温で放置すると、鎖長の長いn-ヘキサデカン（n=16）を用いた場合のみ離漿することがわかりました。マヨネーズのような粘性の高い液体もこのSLUG表面をスムーズに滑落します。また、ゲルと液体成分の親和性を精密に調整すると、液体の出し入れを外部温度により制御できます。このSLUGは、室温では液体成分（不凍液）は離漿しませんが（図2（a））、外気温を氷点下にすると離漿し（b）、室温に戻すと不凍液は再びSLUG内部に戻ります（c）。（b）の表面では氷の付着力はほぼゼロで、凍結した氷は自重によりわずかな傾斜で滑落します（図3）。このように、身近な離漿現象を利用して、生物の粘液分泌能を人工的に再現することで、固体表面にこれまでにない優れた機能を付与することが可能になりました。

要点BOX
- ●生物の粘液分泌能を模倣
- ●固体表面に新たな機能を付与

図1 プリンからの離漿現象

図2 外部温度による可逆的な離漿制御

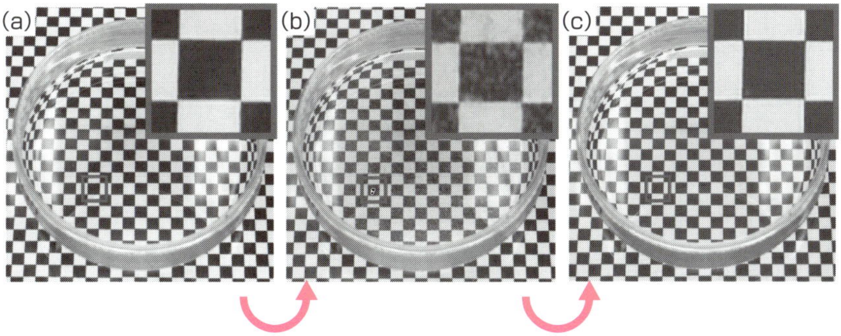
(a)
(b)
(c)

(a) 室温、(b) -15℃×6時間冷却、(c) 室温で1時間放置

図3 SLUG(図2(b))表面での氷柱の滑落

8 昆虫はMEMS技術のヒントの宝庫！

フナムシに学ぶ流体操作

吸う力を全く使わずに水を体内に取り込んでいる生物がいます。エビやカニの仲間のフナムシです。左右に7本ずつある脚の後ろから2本には、脚先から体の付け根まで続く流路があります。この流路は、脚の内側に血管のようにあるのではなく、外側の表面にあります。流路の縁には尖った針のような毛が密集し、流路の中央にはしゃもじのような平べったい毛が脚の方向に沿って列をなして並んでいます。流路は同じ側にある2本の脚をくっつけると先端から付け根までつながるようになっていて、水分が必要な時に脚をくっつけることでエラまで運ぶことができます。

この流路の優れている点は、縁にある針のような毛の並びが流路の壁の役目をして、中央にある平べったい毛の並びが水分をため込む役目をしています。そうすることで、水分を常に流路にため込んでおくことができ水分が無い状態を防ぐことができます。これは、針のような毛の並びの方が、細い毛で密集しているために水分を吸い上げたり保持したりする力である毛管力が強く、大きな構造である平べったい毛から水分が逃げ出すことを防止できるためです。

このような流路構造を模倣することで、毛管力を制御でき、重力に逆らって下から上方向に自発的に液体を輸送できる流路を作ることもできます。さらに、この流路は効率よく液体を輸送できるだけでなく、液体が密集した毛の並びをくぐり抜けるように流れるため、少しの欠陥や汚れで流れが止まってしまうことはありません。実際のフナムシの脚に汚れや傷をつけても同様に、この流路で海水をエラに運ぶことができています。フナムシは脱皮するので、汚れや傷を修復することができますが、現在のMEMS技術に使われている材料の多くは自発的には修復されません。このような自然の持つ安全装置を組み込むことで、欠陥を修復する必要がある条件のしきい値を下げることができるかもしれません。

要点BOX
- ●フナムシの脚には液体を運ぶ流路がある
- ●2種類の毛の並びで流れを作る毛管力を制御
- ●欠陥や汚れに対応した安全装置

フナムシの脚構造にみられるオープン流路

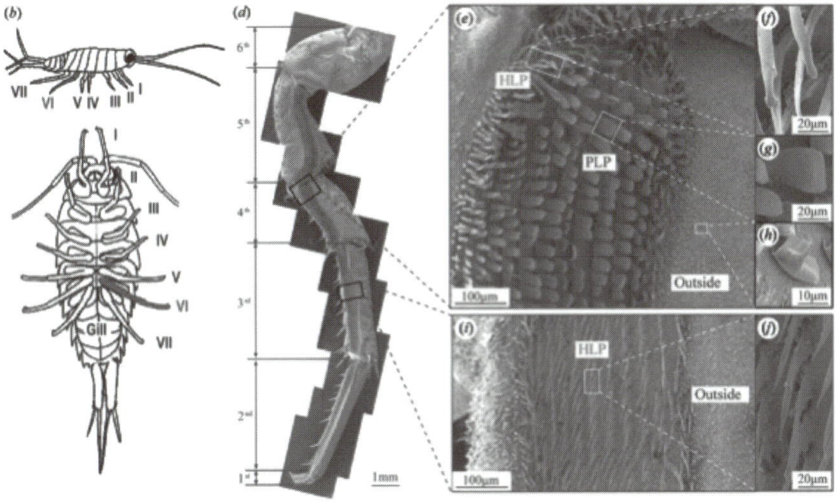
(b)
VII VI V IV III II I
I
II
III
IV
V
VI
Gill
VII
(d)
6th
5th
4th
3rd
2nd
1st
1mm
(e)
HLP
PLP
Outside
100μm
(f)
20μm
(g)
20μm
(h)
10μm
(i)
HLP
Outside
100μm
(j)
20μm

Daisuke Ishii, Hiroko Horiguchi, et. al., Sci. Rep., 3, 3024 (2013)

フナムシの液体輸送機構を模倣した安全装置

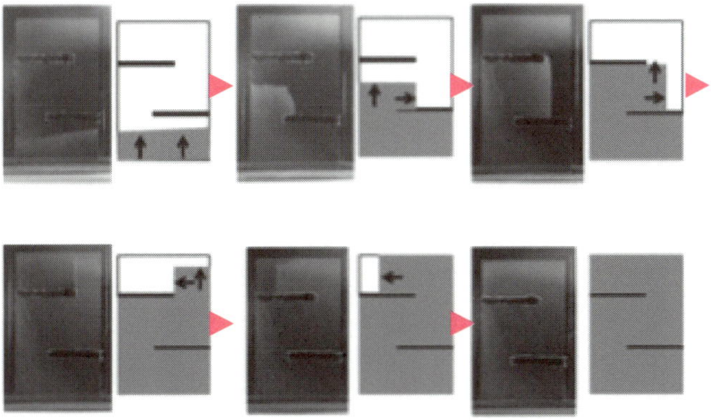

研究展開
①異種液体の制御･操作
②最適構造の作製と物性評価（針状毛とペダル状毛の複合構造）
③オープン流路を用いた液-液分離等の新規デバイスの創成

石井大佑、下村政嗣ら 国際出願番号PCT/JP2015/62233 2015年4月22日

9 カタツムリの殻から学んだ建築材料

雨でキレイに！ナノ親水技術

殻が汚れたカタツムリを見つける事はなかなかできません。汚れが着いても、少しの雨で簡単に汚れが落ちるからです。秘密は殻の表面の凹凸構造にあります。

カタツムリの殻はサンゴと同じ成分（$CaCO_3$）のアラゴナイトとタンパク質の複合材でできています。殻の厚さはわずか0・1㎜程度ですが、見事な層状構造が作られています。最表面層は硬タンパクの殻皮層、内部はアラゴナイトとタンパク質の複合材の石灰質層（稜柱層、層板層、真珠層）からできています。殻の最表面層はタンパク質でできているため、本来なら水よりも油に馴染みやすい性質、つまり油で汚れやすい性質です。しかし、驚く事に、水中ではカタツムリの殻には油が付着しない、すなわち油で汚れづらい性質を持つことがわかりました（図1）。

殻の表面を調べたところ、約0・5㎜幅の溝に加え、さらに細かい約0・01㎜幅で「しわ」模様が形成されており、数ナノからミリサイズまでの広い範囲で凹凸構造が作られていることがわかりました（図2）。この規則的な多くの溝が、雨どいの様な役割を果たし、汚れが付いていても、殻の表面に水が入りこんで水膜を作り、油汚れを浮かし洗い流すのです。

私たちが暮らしている都市部の空気には、工場から出るばい煙など油分を含む塵が含まれています。油分はどんな物質にも付着しやすい性質を持っており、建物の汚れの原因となります。住宅に使われるタイルはもともと汚れづらい性質を持っていますが、油分を含む塵を雨だけでは洗い落とせません。そこで、タイルよりも親水性が高い、数十㎚のシリカ系ナノ粒子でコーティングすることで、カタツムリよりも1000倍以上も細かい規則的な凹凸構造を作り、親水性をさらに高めるナノ親水技術が開発されました（図3）。これによって、昼夜を問わず雨だけで汚れを落とし、メンテナンスを半減することができます。

要点BOX

- ●水中ではカタツムリの殻には油が付着しない
- ●殻の秘密は表面の凹凸構造にある
- ●カタツムリを超えたナノ親水タイルの開発

図1　水中での油接触角の測定（汚れ易さの評価）

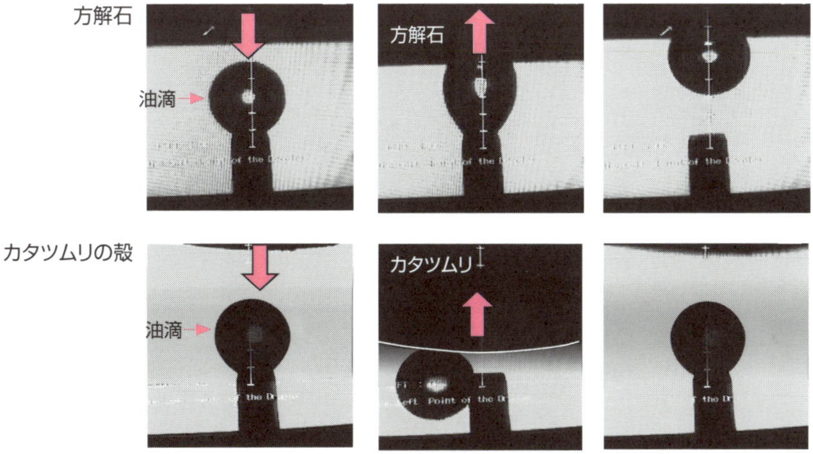
方解石
油滴
方解石
カタツムリの殻
油滴
カタツムリ

図2　カタツムリの殻表面の写真と汚れ防止メカニズム

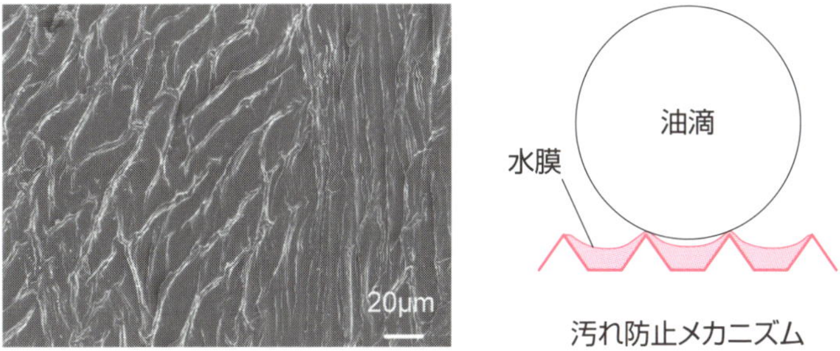
20μm
油滴
水膜

汚れ防止メカニズム

図3　ナノ親水タイルの表面の電子顕微鏡写真と屋外曝露試験結果

6.0kV 3.2mm x90.0k SE(U)
500nm

ナノ親水タイル　　通常タイル

10 ガの眼を模倣した低反射の光学材料

モスアイ構造

ガなどの昆虫は私たち人間とは異なり、数10μmの大きさの個眼から構成される複眼という種類の眼を持っています。このような形を持っていることで広範囲の角度の光を取り込むことが可能となっています。昆虫によっては360度見えると言われています。広範囲の角度の光が表面にあたるとともに、このような形状を持っていることで表面積がかなり大きく、人の眼のような平滑な表面の眼と比較して、複眼は表面での反射の影響を受けやすい形となっています。

ガの眼をさらに細かく見てみると表面に数100nmの微細な突起の集合体が形成されていることが確認されます。この構造はモスアイ構造と呼ばれています。この構造のモデルを下の図に示します。個々の突起は釣鐘状となっています。入射した光が突起の上の方から下の方へと進んだことを想像してみましょう。この釣鐘状の形のおかげで、最表面はほぼ空気層で、突起の断面積は上から下に向かってゆるやかに連続して大きくなっています。断面積が大きくなると、屈折率という特性が高くなります。そのために、突起を通過していく光は、反射の原因となる屈折率の大きな変化のあるところを見つけることなく、全ての光が反射されずに、眼の中に入っていきます。モスアイ構造の大きな特徴は大きな角度を持って入射した光の反射も防ぐということです。これは広範囲の角度の光を取り込む複眼を有しているガなどの昆虫にとっては非常に効果的な構造と言えます。さらなる特徴としては、紫外線の領域から近赤外線までの波長の全ての光の反射が防げるということがあります。角度を持った光に有効で、可視光全てに対して有効であることから、ディスプレイなどの画像表示に最適な反射防止構造です。

また、モスアイ構造は水をはじくという効果や表面に昆虫が貼り付けないという現象も確認されています。

要点BOX
- ●釣鐘状の突起が低反射構造のカギ
- ●断面積が大きくなると屈折率が高くなる
- ●低反射だけではないモスアイ構造の機能

ガの眼の表面構造

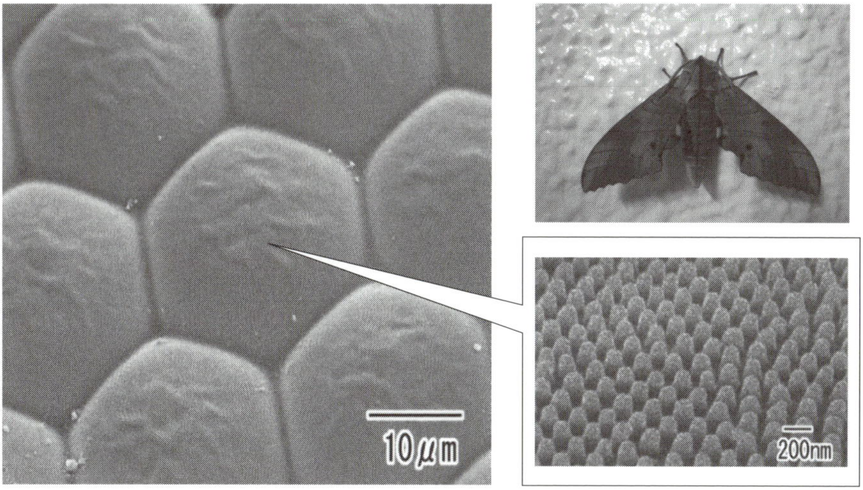
10μm
200nm

モスアイ構造の断面図

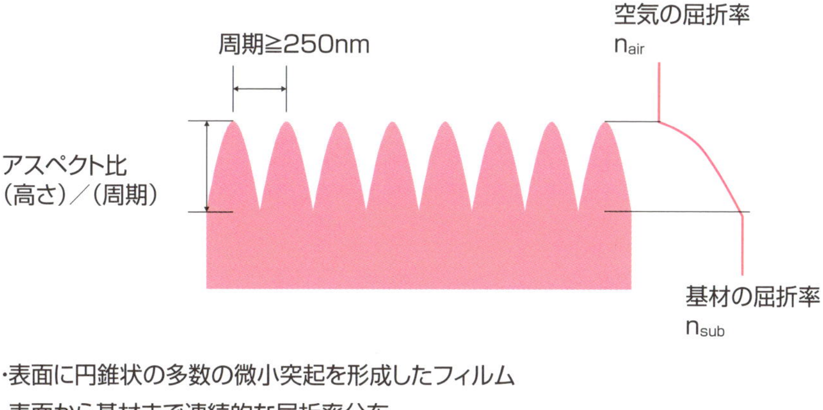
周期≧250nm
アスペクト比
（高さ）／（周期）
空気の屈折率
n_{air}
基材の屈折率
n_{sub}

・表面に円錐状の多数の微小突起を形成したフィルム
・表面から基材まで連続的な屈折率分布

11 チョウの翅を真似た機能性材料

撥水性・鮮やかさを備えた衣服をまとう

「ちょうちょう　ちょうちょう　菜の葉にとまれ…」誰もが知っている、美しくてかわいらしいチョウの翅は、目に見えないある構造を持っており、このために不思議な力を発揮しています。図左上の青いチョウは、南米アマゾン域に生息するオスのモルフォチョウです。きらきら輝くこのチョウは、青い色素は持っていません。青色の秘密は、チョウの翅の形にあります。

翅にはウロコのような鱗粉があり、この鱗粉を電子顕微鏡で拡大すると、図書館のように本棚が沢山並んだような構造が観察できます。ちなみにこの棚の厚さは70～80㎚で屈折率は1・5（高屈折率）、棚と棚の間隔、すなわち空気部分の厚さは140～160㎚で屈折率は1・0（低屈折率）、ちょうどウイルスサイズ（100㎚＝0・0001㎜）の棚の厚さからできています。

また、太陽の光は白色光で、様々な色の光が混ざっています。太陽の光が、この本棚の上からあたると、光の屈折・反射・干渉がおこり、その結果青い波長の光だけがそろって外に反射し、きれいな青色として見えてきます。これを構造色と呼びます（12 13 14も参照してください）。

この構造を真似て、高屈折率のポリマー（例えばPET）と低屈折率のポリマー（例えばナイロン）をウイルスサイズの厚さで、何層も積み重ね、その層の厚さを変えることで緑・青・赤色の繊維やフィルムを作りました。繊維は61層、フィルムは200層以上の多層構造です。これらは、色素を使わないので、環境にやさしい製品とも言えます。

また、この鱗粉の不思議な構造は、撥水の機能を持っています。表面の凹凸が水をはじくと同時に、鱗粉の溝に沿って水を流します。この時、翅の表面の汚れも洗い流すことができる画期的な構造をしています。

要点BOX
- ●翅の不思議な多層構造
- ●モルフォチョウの青色は構造色で生まれる
- ●光の屈折・反射・干渉で色が決まる

モルフォチョウ

構造色繊維　モルフォテックス®

チョウの鱗粉

鱗粉の拡大電子顕微鏡像

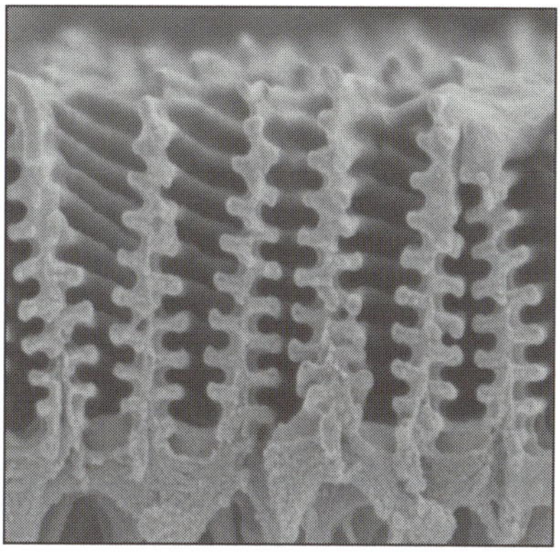

構造色フィルム

テイジン® テトロン® フィルムMLF

構造色フィルムの断面電子顕微鏡像

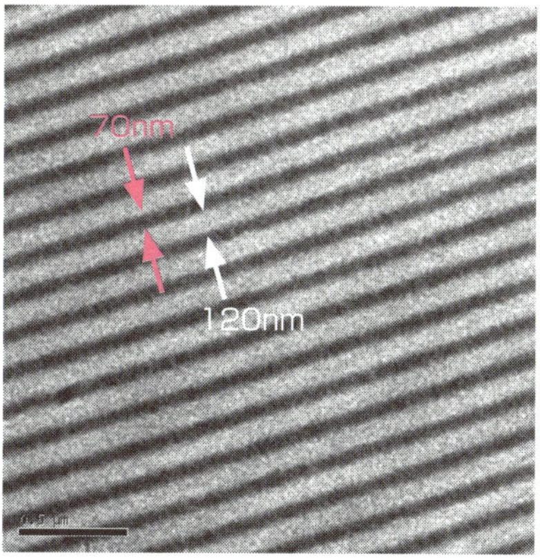
70nm
120nm

12 鮮やかな生物の色は退色に強い

構造色と色素色の違い

タマムシは金属を使わずに金属のような輝きを、クジャクの羽根は見る角度を変えると微妙に色が変化する美しさを持っています。構造色と呼ばれるこれらの色は、色素ではなく、とても小さな形（構造）によって生み出されています。

チューリップの赤色は色素による色です。太陽光線に含まれる7色の光のうち、赤色以外の光が色素によって吸収されてしまうため、残った赤色に花は見えています。一方、構造色はとても小さな物体の構造が、特定の色（波長）の光を強く反射することで着色します。タマムシの表面の断面を電子顕微鏡で観察すると、薄い膜が何重にも重なった層状の構造が見つかります。多層膜構造と呼ばれるこの構造こそがタマムシの輝きの秘密です。

タマムシの多層膜構造が緑色の光を強く反射する仕組みには、光の波としての性質が深く関係しています。例えば、シャボン玉に光があたると、膜の表と裏の両面で光は反射されます。その2つの波を足し合わせると、山と山がうまく重なったり、山と谷が重なって打ち消し合ったりします（下の図）。これが「光の干渉」と呼ばれる現象で、膜の厚さによって、どの波長の光が強め合って反射されるかが決められるのです。タマムシの多層膜構造では、２種類の膜が交互に重なることで、繰り返しの長さに対応した波長の光が強く反射されます。タマムシの２本の縦縞部分では、緑の部分に比べて膜が少しだけ厚くなっていて、赤から赤外線の光を強く反射しています。

法隆寺に残る国宝・玉虫厨子には千数百年も前に生きていたタマムシの鞘翅が装飾に使われています。そして、今でも部分的には鮮やかな色を保っています。構造色は鮮やかなだけでなく、退色に強いという優れた性質を持っているのです。このような特徴を利用して、構造色を持つ繊維や自動車の塗料が実現されています。

要点BOX

- ●生物の鮮やかな色は構造色
- ●構造の大きさが色を決める
- ●構造色は退色に強い

構造色と色素色の発色原理の違い

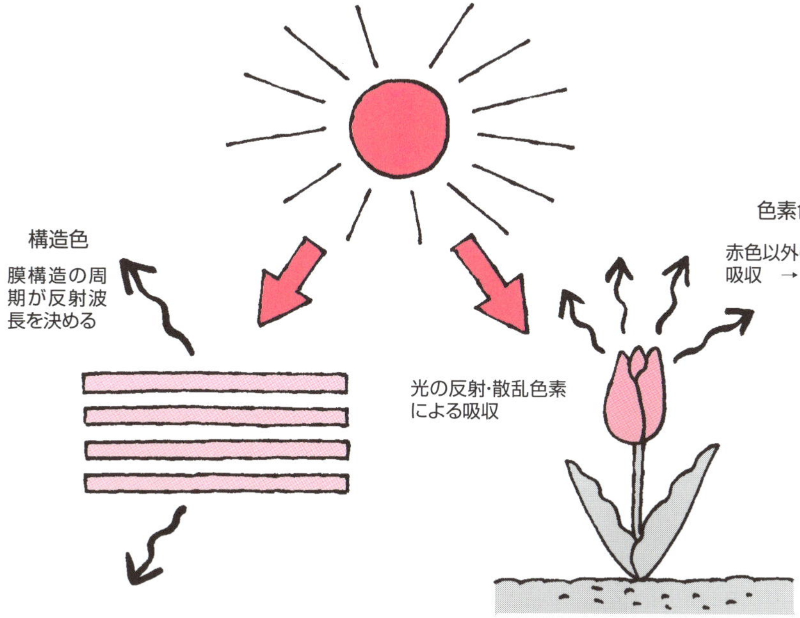
構造色
膜構造の周
期が反射波
長を決める
光の反射･散乱色素
による吸収
色素色
赤色以外の色は
吸収 → 熱

薄膜干渉の原理

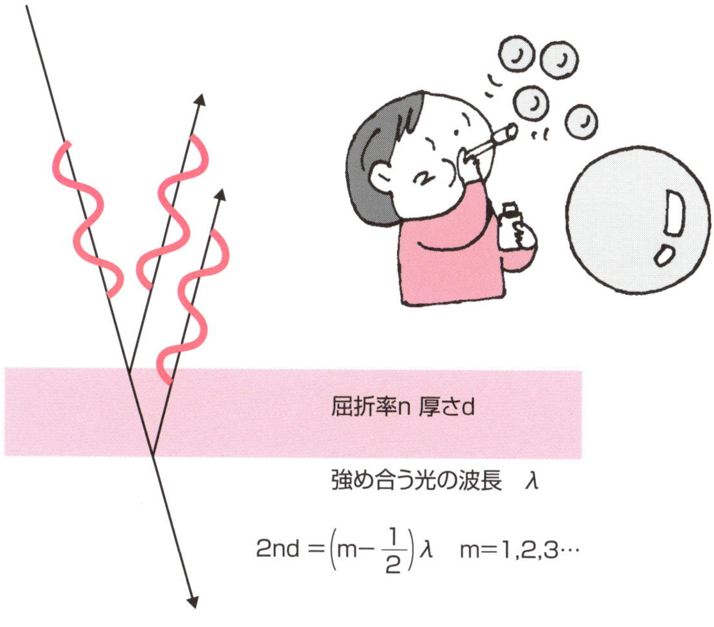
屈折率n 厚さd
強め合う光の波長 λ

$$2nd = \left(m - \frac{1}{2}\right)\lambda \quad m = 1, 2, 3\cdots$$

13 構造色が可逆的に変化する材料の開発

変色する仕組み

コバルトブルーで知られるルリスズメダイの表皮には虹色素胞があり、その中に反射小板と呼ばれる薄い板状の組織が積層しています。反射小板はグアニンという化学物質で、細胞内の周りの物質と比べ屈折率が高くなっています。白色光は反射小版の多層膜干渉によって青色の光だけを選択的に反射します。虹色素胞では色素ではなく光の波長あるいはそれ以下の微細構造により鮮明な青色に発色します。

ルリスズメダイに刺激を与えると鮮明な青から薄い緑に変色します。これは虹色素胞の反射小板の間隔が広がることで反射光の波長が変わるからです。この体色の変化は可逆的かつ短時間に行われ、群れのコミュニケーションに利用されていると考えられています。構造色が反射小板の間隔を変えることで実現する仕組みは学術的に興味深い現象であるとともに、新材料を設計するヒントになります。

コロイド粒子が自己集積によって3次元に規則配列したオパールフォトニック結晶について紹介します。天然のオパールはシリカが3次元に規則配列した粒子集積体です。オパールを構成するコロイド粒子は、粒子径が揃っていればポリスチレンなどの有機物質でも問題はありません。オパールは入射した白色光のうち波長の光を選択的に反射します。

コロイド粒子の粒子間隔を変えるために粒子間をエラストマー（弾性物質）で充填させます。粒子間がエラストマーで繋がることでコロイド粒子の間隔を可逆的に変化することができます。オパールフォトニック結晶では薄膜の垂直方向のコロイド粒子配列面の面間隔を変化することで構造色が変色します。この変色は分光器で反射スペクトルのピークを計測・分析します。ピーク位置は面間隔に依存し、間隔が広がると低波長から高波長へピーク位置が移動します。面間隔の広がり具合で移動量にも対応します。新タイプのセンサ材料として応用が期待されています。

要点BOX

- ●熱帯魚のコバルトブルーは体色を変化できる
- ●粒子の配列間隔が変わる構造設計
- ●ゴムシートに成膜することで可逆的に変色する

ルリスズメダイ（コバルトブルー）

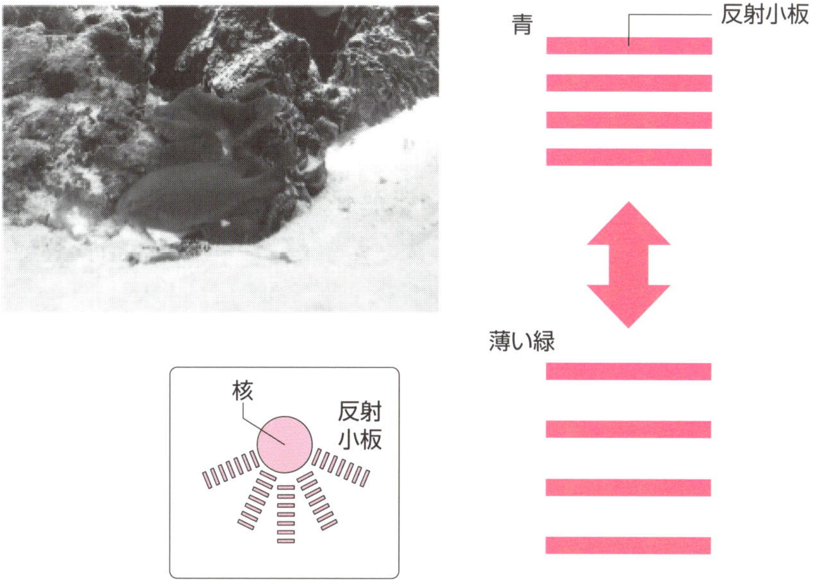

青
反射小板
薄い緑
核
反射
小板

オパールフォトニック結晶

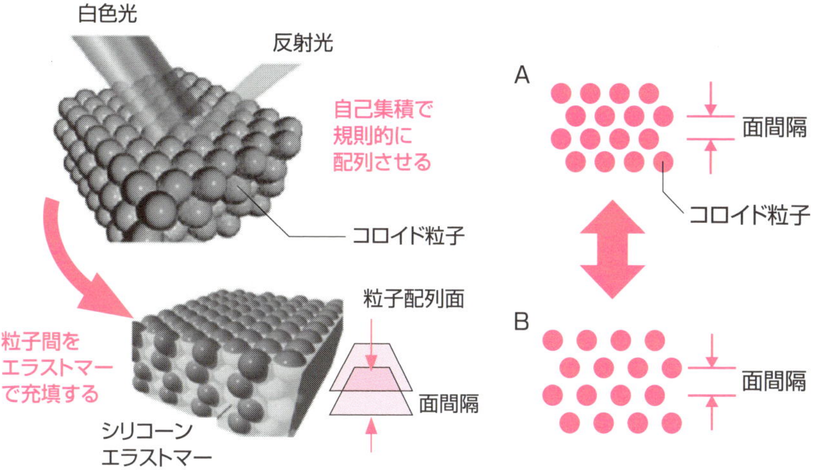

白色光
反射光
自己集積で
規則的に
配列させる
コロイド粒子
粒子間を
エラストマー
で充填する
粒子配列面
面間隔
シリコーン
エラストマー
A
面間隔
コロイド粒子
B
面間隔

14 モルフォチョウの不思議に迫る

モルフォチョウは「生きた宝石」とも呼ばれ、青く輝く金属光沢でよく知られます。

生き物が発する金属的な輝きは一見、不思議ですがタマムシやクジャクなど、多くの例があります。しかしモルフォチョウの場合、他の例と違って物理の眼では異常な「ミステリー」があります。

輝きは高い反射率を意味します。それには光の干渉（強め合い）が必要で、強め合う条件が必要です。シャボン玉やCDの裏面が良い例ですが、薄い膜の違う面で反射した光同士が強め合うので、ある角度では一色（一波長）だけが強め合い、他の色は見えません。角度を変えると強め合いの条件が変わるので色が異なり、全体は虹色になります。

しかしモルフォチョウは高い反射率を持つ干渉色ながら、どこから見ても青いのです。この謎の鍵は、小さな棚が並んだ特殊なナノ構造にありました（上の図）。1つの棚の規則構造で青色を強め合いつつ、棚配列の不規則さで他の色の強め合い条件をつぶしていたのです。しかも、狭い棚幅から光が広がる（回折）現象を使って青を広げていると予想されました。

この説を実証するには、条件を満たす構造を作る必要がありますが、測れる面積（数㎜）で膨大な棚を並べるのは不可能です。そこで光学原理だけ抽出し、物理的条件を満たす構造を真似て作ったところ、ほぼ同じ光特性が得られました（下の図）。

この人工発色には様々な利点があります。目立つ輝きは装飾や衣服に役立ち、構造発色なので色あせ（化学変化）と無縁で、ポスターや看板ではほぼ永久に色が保てます。材料も安全な酸化物2種類で全色が出せるので環境に優しく、化粧品にも適します。光の利用効率が高い上、斜めでも色が変わらないのでディスプレイに使えば消費電力が大幅に減らせます。他にも偽造防止のホログラムなど、色の関わるあらゆる場面で応用が期待されます。

要点BOX
- ●モルフォチョウの青は、干渉なのに虹色でない
- ●鍵は、巧妙なナノ構造
- ●色あせない、環境に優しい、高効率の構造色

棚構造のモデル図

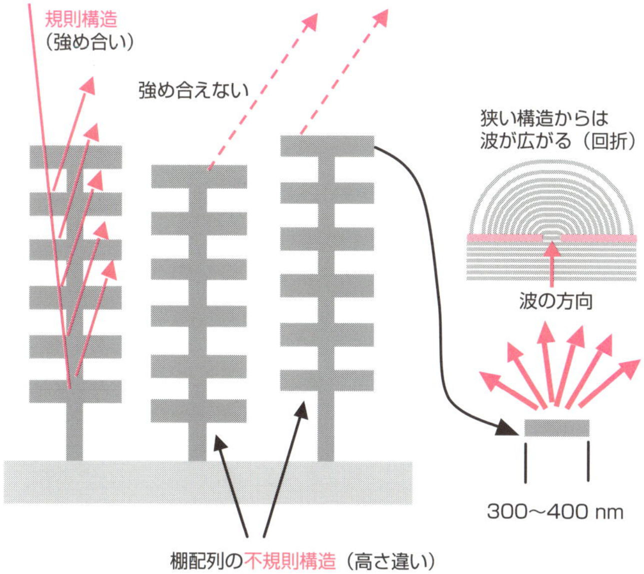
規則構造
（強め合い）
強め合えない
狭い構造からは
波が広がる（回折）
波の方向
300〜400 nm
棚配列の不規則構造（高さ違い）

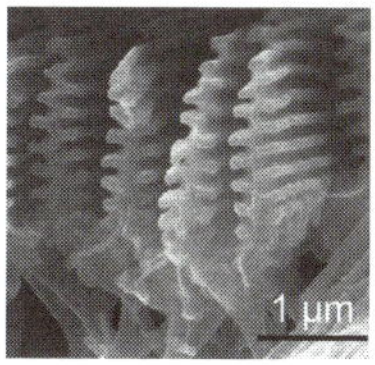
1 μm

棚構造の SEM*画像

チョウを真似た切れ切れの多層膜

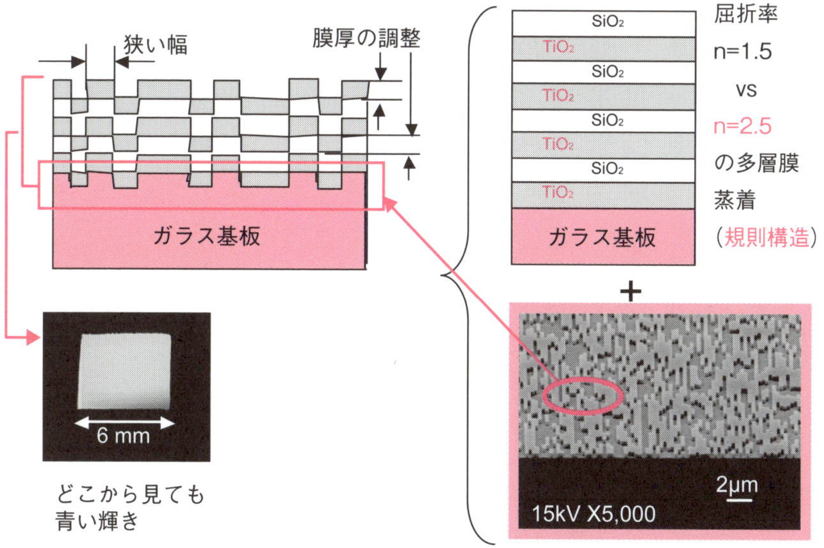
狭い幅
膜厚の調整
ガラス基板
6 mm
どこから見ても
青い輝き
SiO2
TiO2
SiO2
TiO2
SiO2
TiO2
SiO2
TiO2
ガラス基板
屈折率
n=1.5
vs
n=2.5
の多層膜
蒸着
（規則構造）
+
2μm
15kV X5,000

チョウを真似て設計した不規則構造

※：走査型電子顕微鏡（Scanning Electron Microscope：SEM）は観察対象に電子線をあて、そこから反射してきた電子から作られた像を観察する顕微鏡です。対象の表面の形状や凹凸の様子を観察するのに優れています。

15 ファンデルワールス力って何？

接着剤がいらない接合材料

自然界には壁や天井、木の幹、葉っぱの裏など、転落してしまいそうな危なっかしいところを、手足をくっつけたり剥がしたりしながら自在に歩きまわる生き物がいます。どうやって自在な歩行を実現しているのでしょうか？　そのヒントは、手足にある独特な微細構造にあると考えられています。ここでは、ヤモリを例にとって、その手足の優れた接着・剥離の機能と微細構造との関係を見ていきましょう。

ヤモリの手足を電子顕微鏡などで観察してみると、セータと呼ばれる、長さ100㎛くらいのたくさんの毛が生えています。また、セータの先には、スパチュラと呼ばれるさらに細かい毛がたくさん生えており、その先端にあるパッド状の構造によって相手表面に接触します。接触すると、ファンデルワールス力という、ごく短い距離で働く弱い力を使ってくっつくことができます。力自体は弱いのですが、たくさんの毛が生えていて、その先にはパッドがあることから、自重を支えるのに十分な力が働いていると考えられます。

しかしながら、十分な接着力があるだけでは、自在に歩くことはできません。ヤモリの手足のすごさは、むしろ、いったんくっつけた手足を簡単に剥がすことができる機能にあります。その秘密は、一体何でしょうか？　それは、スパチュラにある、斜めにパッドが付いた構造にあると考えられています。そのような構造では、垂直方向に押し付けながら水平方向に引くと、パッドが回転して十分な接触が実現でき、自重を支えるのに必要な接着力を得ることができます。また、接着のときとは逆に、水平方向に押してやると、パッドが地面に接触しなくなり、簡単に剥がすことができます。最近では、その構造を模擬することで、接着させたいときにしっかりとくっつき、剥がしたいときに容易に剥がせる、究極の粘着材料を開発する試みが盛んになされています。

要点BOX
- ●ヤモリは接着・剥離を自在に制御しながら歩行
- ●すぐれた機能は独特な微細構造にある
- ●模擬粘着材料の開発が盛ん

ヤモリの指先の構造

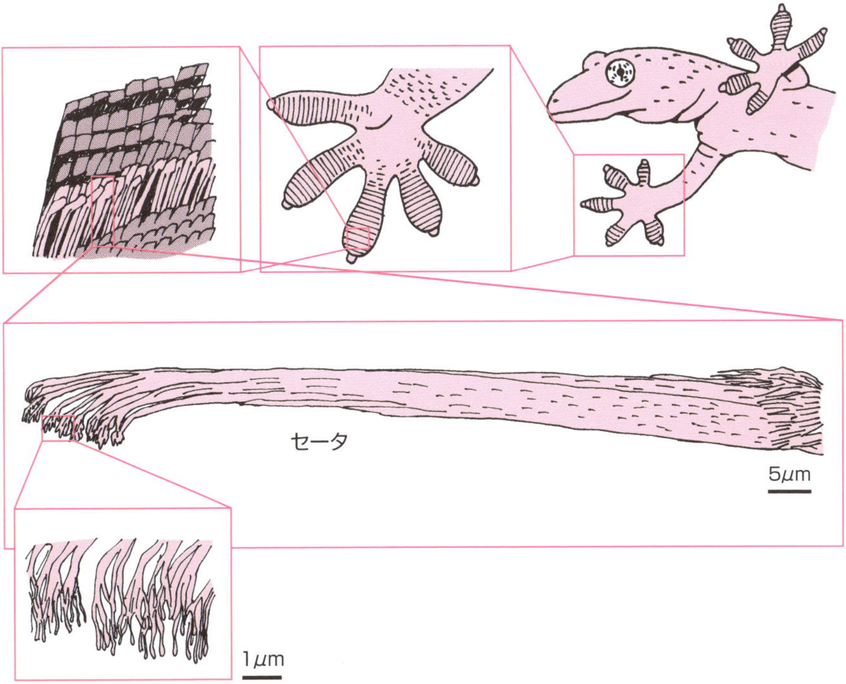

セータ
5μm
1μm
スパチュラ

接着・剥離の仕組み

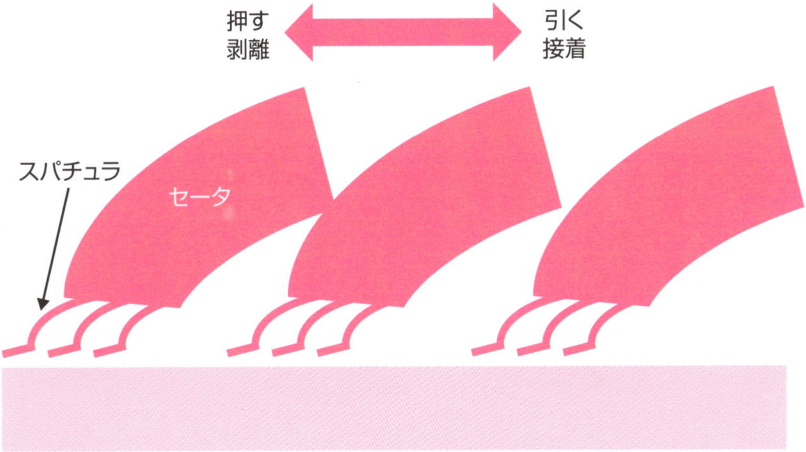

押す
剥離
引く
接着
スパチュラ
セータ

16 気泡を利用したクリーンな接着方法

空気が接着剤になる

テントウムシなどの昆虫は、葉の裏側などを逆さまになっても落ちずに歩くことができます。それは足裏に接着する仕組みがあるからです。足裏には細かい毛が密集して生えていて、この毛を被う分泌液によって表面にくっつくことができます。このような昆虫も、水中は歩くことはできないと思われていました。水中では分泌液が濡れてしまい、接着力がなくなると考えられていたのです。ところが最近になって、テントウムシやハムシなどの昆虫が水底を歩くことが発見されました。

これらの昆虫は比重が小さいので、水中では浮力のために浮き上がってしまいます。そこで、水中で歩くためには、水底に足裏を接着できることが必要になります。いったい、どのように接着したのでしょうか?

詳しく調べると、接着に「泡」を利用して水中で歩行していることがわかりました。

水槽の壁に小さな泡がくっついていることがあります。浮き上がらずに着いたままになる「気泡」を接着力として利用していたのです。接着力は、泡の大きさや表面の水のはじきやすさ（親水性・疎水性といいます）に関係します。気泡は足裏の水もはじいて、足裏にある毛が直接水底の表面にくっつくことも助けていました。

こうした昆虫の水中接着の仕組みを利用して、模型のブルドーザー（プラスチック）を水中で壁にくっつけることにも成功しました。水中用の接着剤には、化学物質を使うものがありますが、気泡を接着剤として使うこの技術は自然に優しい接着技術と言えます。将来は、水中で作業するロボットなどにも応用されるでしょう。ハムシと似た足の仕組みを持つ昆虫でも水中歩行が確認されています。このような発見は、皆さんの自然観察でもチャンスがあるかもしれませんね。

要点BOX
- ●テントウ虫が水中を歩けた!
- ●泡を利用して歩いていた
- ●新しい水中接着機構の開発

水底を歩くハムシ（左）とテントウムシ（右）

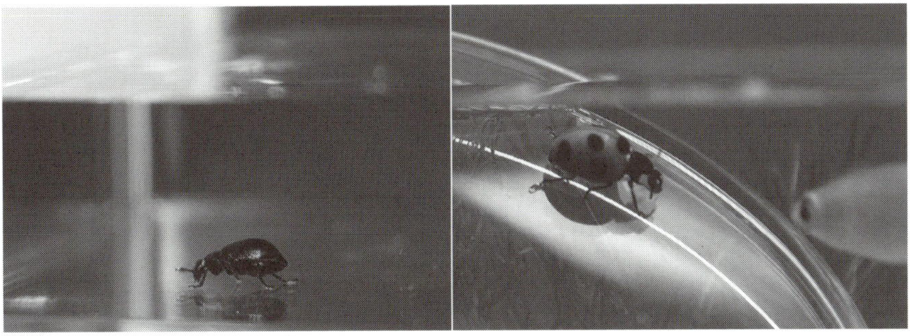

水中接着の機構と応用例

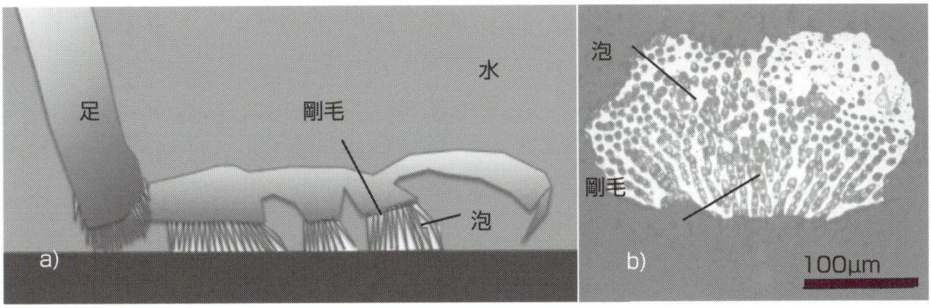
足
水
剛毛
泡
a)
泡
剛毛
b)
100μm

(a) 泡を利用して足裏を水中接着する機構の模式図。(b) 水中接着しているハムシの足裏写真（裏側から撮影）。黒色はハムシの足（接着性剛毛）、白色は泡。

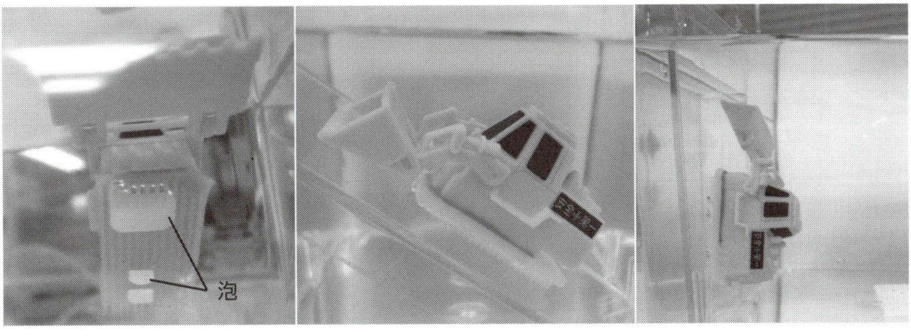
泡

気泡による水中接着機構を用いて模型のブルドーザーを水中接着。

17 凸凹なのにツルツル滑る

ムシも登れないフィルム

映画のスパイダーマンのモチーフになったように、クモは木々や葉っぱは勿論、家屋の中の壁や天井をものともせずに移動できます。また、ほとんどの昆虫や爬虫類のヤモリなども天井を逆さまに平気で歩くことができます。これは、脚先に鉤があるだけでなく、脚裏にたくさんのミクロンサイズの毛が密集していることによるのです。ヤモリの脚先の毛がファンデルワールス力で接着していることは2000年にNature誌に掲載されて話題になりました。つまりミクロンサイズの毛が接着相手に近接し、その多数の毛が生み出す接着力が合わさって体を支えているのです。

一方、モスアイ構造と呼ばれるナノパイル構造がガの眼の表面にあることが知られています。この構造は、光の反射を防ぎ、入射光量を増やすのです。光の波長の4分の1程度のナノサイズの凸凹が光をトラップして反射しなくなるのです。

近年、日本のバイオミメティクス研究を推進しているグループが、あることに気づきました。ナノレベルの凸凹があるとミクロンサイズの昆虫の毛などが接する面積が減ってしまって、クモや昆虫がくっつくことが出来なくなるのではないか？　もしかしたら害虫を寄せ付けない窓や外壁を作れるのではないか？研究者たちは手当たり次第に、昆虫をモスアイシートに乗せてみました。平らなシートだと逆さまでも落ちない虫が、モスアイシートが45度以上になると全て滑落しました。凸凹の方がツルツル滑ってしまうのです。たくさんの害虫にも効果がありました。ナメクジには唯一まったく効果がありませんでした。

もしかしたら、このナノパイル構造は、昆虫の体表面にあり外敵を寄せ付けない効果を発揮しているのではと思って観察したら、いろいろな昆虫の体にナノパイル構造がたくさん見つかりました。他の虫に対してツルツルな体を持っているのです。いつかモスアイシートでスパイダーマンを滑らせてみたいですね。

要点BOX
- ●多くの昆虫は脚先の毛によってどこでも歩ける
- ●超微細な凸凹の上を昆虫は歩くことができない

A

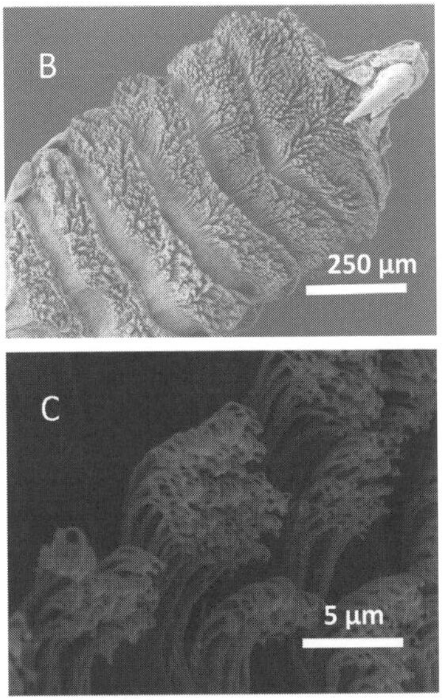
B
250 μm
C
5 μm

大学の窓ガラスの上を這っていたヤモリを捕まえたら、びっくりしたらしく、しっぽを自切しました(A)。大きく開いた五本の指の一本を走査型顕微鏡(SEM)で観察したら、爪の下に何層かのグリップ状の構造がありました(B)。グリップを拡大したら、SETAと呼ばれるケラチンからなるたくさんの毛状の構造が並んでいました(C)。

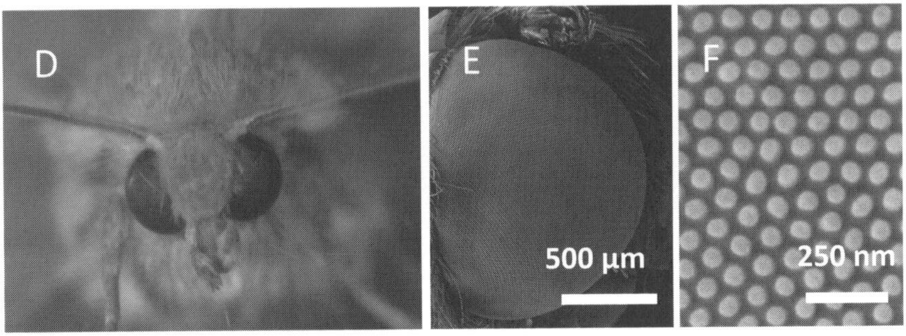
D
E
500 μm
F
250 nm

G
200 μm
H
10 μm
I
10 μm

ガの眼(D)をSEMで拡大していくと個眼が見えはじめ(E)、もっと拡大するとナノパイル構造が見えます(F)。一方、昆虫の脚裏にもヤモリと同じくたくさんの毛状の毛があります(G, H)。一方、ナノパイル構造を同じ倍率で観察と、ナノパイル構造は見えず平らな面に見えます(I)。虫は、このようなナノサイズの凸凹があると歩行が難しくなり、モスアイシートを垂直面に貼り付けておくと、全く登ることができなくなります。

18 雨の日も安定して動けるキリギリスの脚

まるでタイヤ？

摩擦は歩くときも物を動かすときもはたらく身近な現象ですが、原子や分子レベルの大きさが関わる大変難しい現象でもあります。大きな摩擦は自動車などのブレーキに利用できますし、小さな摩擦は少ない力でエネルギーのロス無く物を動かしたい、例えばエンジンや車軸といった場所で必要とされています。身近だけれども重要な現象である摩擦を、生き物はどのようにコントロールしているのでしょうか。

キリギリスの脚先には微細な構造があり、摩擦をコントロールしている可能性が報告されています。脚先にある微小な構造を人工的に作製して摩擦力を測定したところ、乾いた表面ではスティック・スリップ現象と呼ばれる、高摩擦状態と低摩擦状態が交互に発生する不安定な状態を防ぎ、安定した摩擦力を示すことがわかりました。一方で濡れた表面で摩擦力を測定すると、通常であれば水が潤滑剤となって滑ってしまう（ハイドロプレーニング現象）のに、一定の摩擦力がはたらくことがわかりました。

なぜこのような違いがあるのでしょうか。乾いた表面ではキリギリスの脚先もスティック・スリップ現象を起こしていますが、脚先は微細な構造に分かれていて、それぞれの構造がバラバラに起こすため、結果として脚先全体で摩擦力が平均化され、安定した摩擦力になるようです。また濡れた表面の場合は微細な構造の間にある溝が排水溝の役割を果たし、脚先と表面の間にある水を排出することで、滑ってしまうことを抑制していることがわかりました。この濡れたときはたらく機構は自動車のタイヤにも見られます。特にＦ１などではその効果が顕著で、雨の日用のレインタイヤには溝があり、滑らないように工夫されています。

キリギリスは雨が降っていても天敵から逃げるなど、色々な状況にも安定して対応できるように脚先を進化させてきたのではないかと考えられます。

要点BOX

- ●摩擦は身近だけれども複雑かつ重要な現象
- ●表面の状態によらず安定した摩擦力を発生
- ●生き物は微細な構造で摩擦をコントロール

キリギリスの脚先の構造

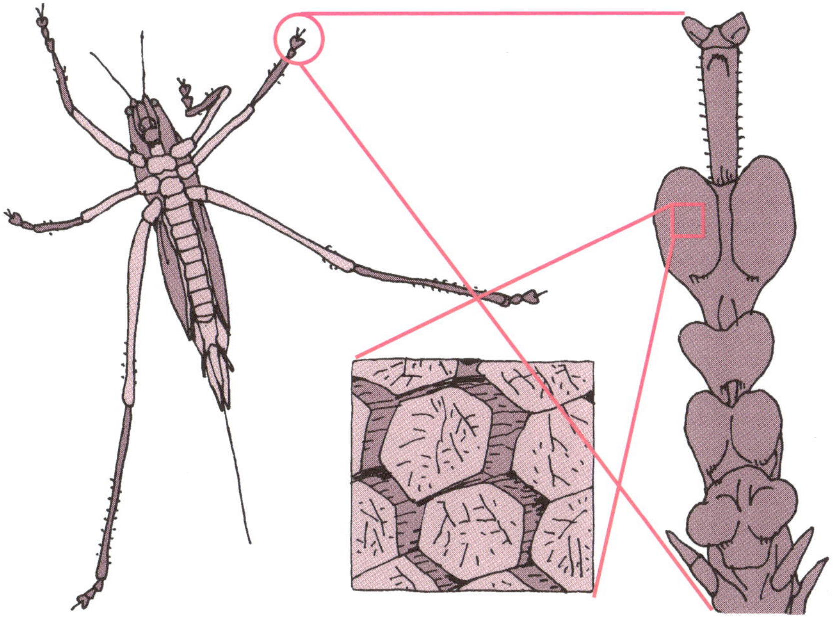

スティック・スリップ現象

ガガガ
キュッ

スティック・スリップ現象とは、
家具を動かしたりしたときの、"ガガガガ" となる動きや
雨の日の廊下を歩いたとき"キュッ" と鳴る動きなど、
"すべり" と "停止" が周期的に起こる動きです

参考文献
Hexagonal Surface Micropattern for Dry and Wet Friction, Michael Varenberg, and Stanislav N・ Gorb, Adv・ Mater・, 2009, 21, 483-486

19 サメ肌のパターンを飛行機の表面に取り入れると…？

ざらざらした構造がポイント

水中を速く泳ぐサメは、特徴的なサメ肌のおかげで、泳ぐ時の水からの抵抗を減らしているようです。

手で触るとざらざらするサメ肌ですが、顕微鏡で観察すると、鱗（うろこ）の一つひとつに方向性を持った細かい溝があることがわかります。この溝構造はリブレットと呼ばれています。溝の方向は泳ぐ向きに揃っていて、間隔は数10から１００μm程度です。

どんな物でも流体（水や空気など）の中を動くときには抵抗を受けます。流線型のような形をしていても表面では必ず抵抗を受けます。特に速く動く場合は、表面の近くの流体の動きが乱れ、流れの速さや向きが大きく違う領域や渦ができてしまいます。この状態を乱流と呼びます。乱流ができてしまうと、表面が流体から受ける抵抗が増えてしまいます。

リブレットには、この乱流を抑え、抵抗を下げる効果があります。リブレットの溝は空間を区切る役目があり、乱流中の乱れた領域や渦構造が互いにぶつからないようにする効果があります。抵抗を下げるための最適な溝の間隔は、問題になる渦構造の大きさと関係しています。丁度良い場合には、数％の抵抗が低減できます。

その効果を応用し、ビニールシート表面に似たような溝構造を成形したリブレットフィルムも開発されています。これはヨットレースやオリンピック競技用の小型船に貼り付けられ、少しでもその速度を上げるために活用されています。

空気も流体なのでリブレットによる抵抗低減の効果が期待できます。空気中を速く移動する飛行機にかかる抵抗を減らすためにもリブレットの応用研究がされています。長距離を速く飛ぶ飛行機には莫大な燃料コストがかかるため、わずか数％であっても空気抵抗を下げることは重要な課題です。また、効果が持続するリブレット表面の安価な作製法や簡便なメンテナンス法の開発が望まれています。

要点BOX

- サメは溝構造で水の抵抗を下げている
- 溝構造は乱流を抑える
- 溝構造で飛行機や船へかかる抵抗を低減

サメの鱗の構造

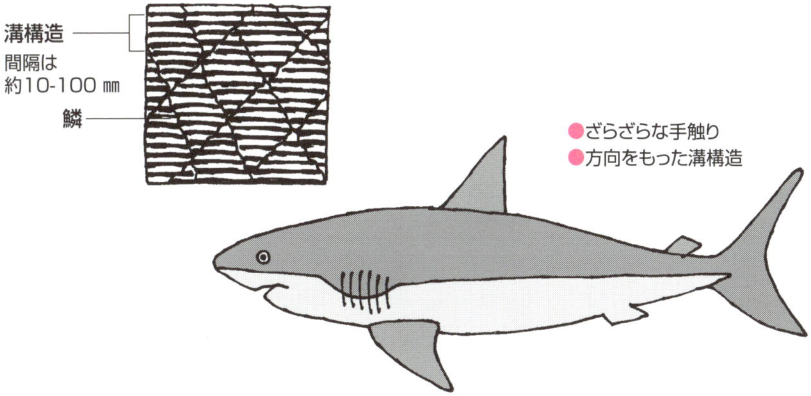
溝構造
間隔は
約10-100 ㎜
鱗
●ざらざらな手触り
●方向をもった溝構造

平らな表面とリブレット表面の流体に与える影響の違い

平らな表面

●乱流の渦どうしがぶつかって抵抗が増大

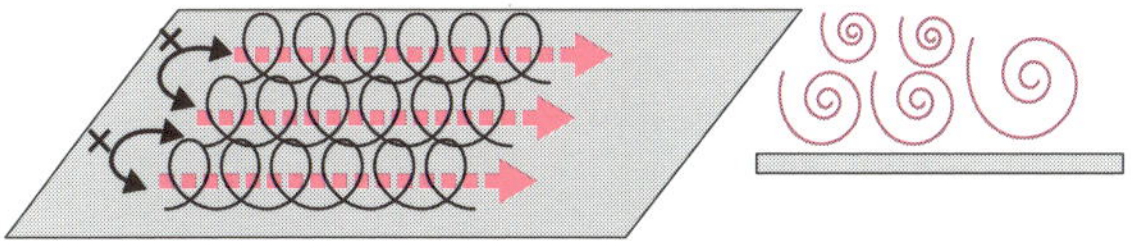

リブレット表面

●渦どうしのぶつかりを抑えて抵抗を低減

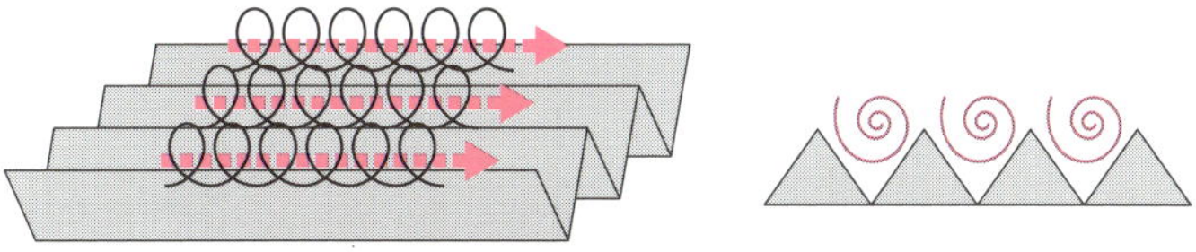

リブレットによる輸送機器の抵抗低減

●スピードアップ
●燃費効率アップ

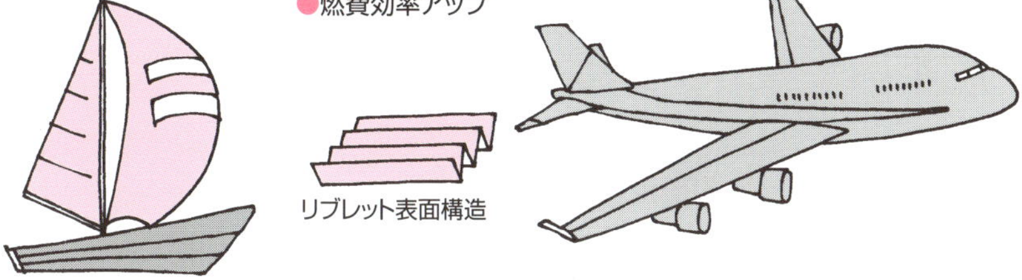
リブレット表面構造

20 環境に優しい防汚塗料

海の生物の表面から学ぶ

海辺には岩場などにくっついて生きているフジツボや貝などの付着生物がいます。付着生物の多くは付着した場所からほとんど（もしくは全く）離れずに一生を送ります。付着生物が自然の岩場に付く分には問題ないのですが、人間の作った船や漁網、排水管などに付着するとなると話は別です。やっかいな事にプラスチック、金属、ゴム、木など様々なものにフジツボなどの付着生物は付着してしまうのです。

しかし海の中を見てみると、海藻や魚など生き物の表面に付着生物はくっついていません。付着生物が付着するのは硬くて水の外では乾いている固体の表面に限られています。生き物の表面はたっぷりと水を含んでいて、とても柔らかいです。このような物質はゲル（ハイドロゲル）というものです。豆腐やプリン、コンタクトレンズなどもゲルです。

海藻など海の生き物の表面にフジツボが付着していない現象にヒントを得て、ゲルには付着生物が付着しづらいのではないかという仮説が立てられ研究が進められてきました。その結果、多くの人工的に作られたゲルの表面においてもフジツボは付着しないことがわかりました。また海にゲルを沈めてみた結果、フジツボの他にも貝やホヤなど他の付着生物もゲル表面には付着しづらいことがわかりました。

フジツボは、実は子どもの頃には自由に泳ぎまわる事ができます。そして永久付着をする前にあちこち表面を歩きながら、一生を過ごすのに適した表面かどうか確かめる行動を取ります。ゲルのような水気が多く柔らかい物質は付着に適していないと判断しているのではないかと考えられています。

付着生物の付着を防ぐために用いる塗料のことを防汚塗料と言いますが、多くの場合高い毒性があります。ゲルは毒性を示さないため、環境に対して負荷の少ない防汚塗料の開発に繋がるのではないかと期待されています。

要点BOX

- ●付着生物は固体ならば何でもくっつく
- ●多くの海の生き物の表面はゲルである
- ●付着生物はゲルに付着しづらい

生き物の表面はゲル状態

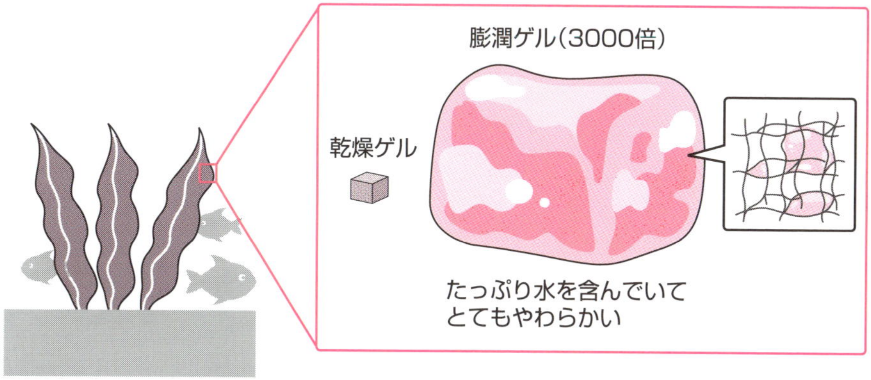

膨潤ゲル（3000倍）
乾燥ゲル
たっぷり水を含んでいて
とてもやわらかい

キプリス幼生の探索行動

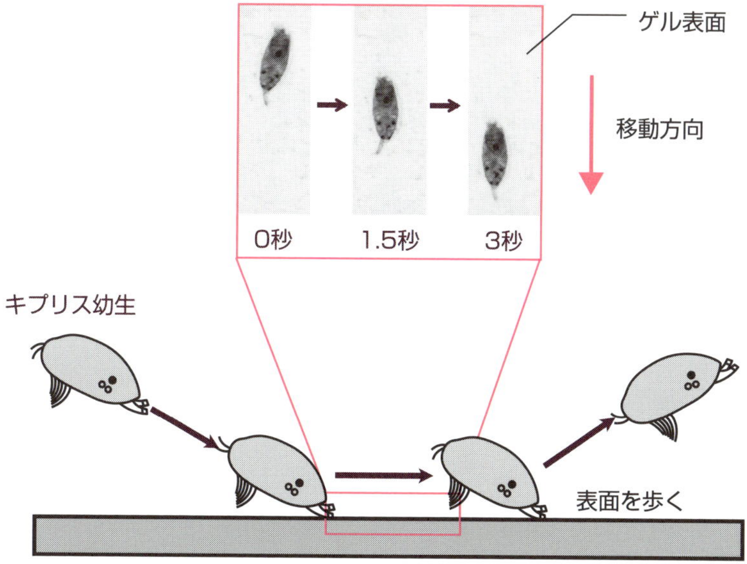

ゲル表面
移動方向
0秒
1.5秒
3秒
キプリス幼生
表面を歩く

●探索行動の結果、ゲルは付着に適していないと判断し、
付着をしない？

●毒性による、付着防止の方法ではない。

21 電子顕微鏡のための宇宙服

高真空下で生命維持させるNanoSuit®

電子顕微鏡は高解像度・高分解能で試料を観察できる機器です。内部は常に高真空環境に保たれています。真空環境は、空気中を進めない電子を飛ばして画像を得るために不可欠ですが、その真空度は宇宙ステーションの軌道付近に相当します。もし宇宙服なしで宇宙空間に出たら、体中の水分と空気が抜かれてしわくちゃになってしまうはずです（図Aはショウジョウバエの幼虫をそのまま電子顕微鏡に入れた像）。電子顕微鏡の中は、体内に80％ほどの水を持つ生物にとって極めて過酷な環境なのです。

NanoSuit®は、厚さが僅か10～１００㎚ほどの薄膜です。私たちは、生物が体表に持つ粘液性の物質にプラズマや電子線を照射し体表に薄膜形成させることで、このようなナノ薄膜が真空環境でも生物体内のガスや液体成分の離脱を防ぐことを発見しました。

NanoSuit®を纏った生物は、電子顕微鏡内で生きたまま高解像度で観察・解析することが可能です（図B、D）。NanoSuit®法で生命維持された生物の姿は、１９５０年代以来、工夫を重ねながら使われてきた電子顕微鏡観察法のサンプルの像（図C）と大きく異なっていました。現在は、生物自身が持つ粘液性物質での成功をもとに、様々な生物の個体や組織、そして細胞などに利用可能なNanoSuit®溶液を開発することに成功しています。それらを用いた最新の観察から、組織の微細構造、細胞と細胞の相互作用、細胞とウイルスにみられる細胞膜上の変化など、次々と新しい発見がなされ始めています。

NanoSuit®法は、生物が生来持つある程度の「対・真空」能力をより強固にすることによって、高真空環境の電子顕微鏡内においても生命維持できていると考えています。多くの研究者が利用できる技術開発によって、多様な研究分野での新たな理解に繋ながることが望まれます。

要点BOX

- ●電子顕微鏡の内部は高真空状態
- ●電子顕微鏡内は生物にとって過酷な環境
- ●電子顕微鏡内で生きたまま観察・解析が可能

電子顕微鏡で観察した様子

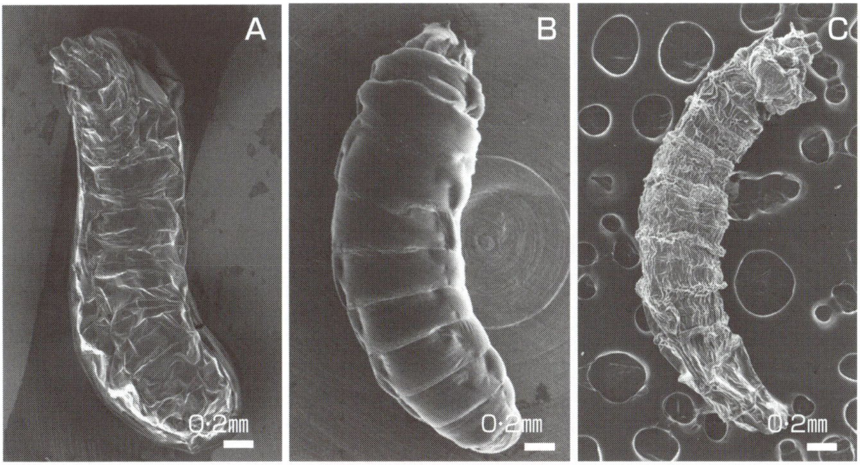
A
0.2mm
B
0.2mm
C
0.2mm

NanoSuit® 無し	NanoSuit® あり!	固定・脱水・乾燥（従来の画像）

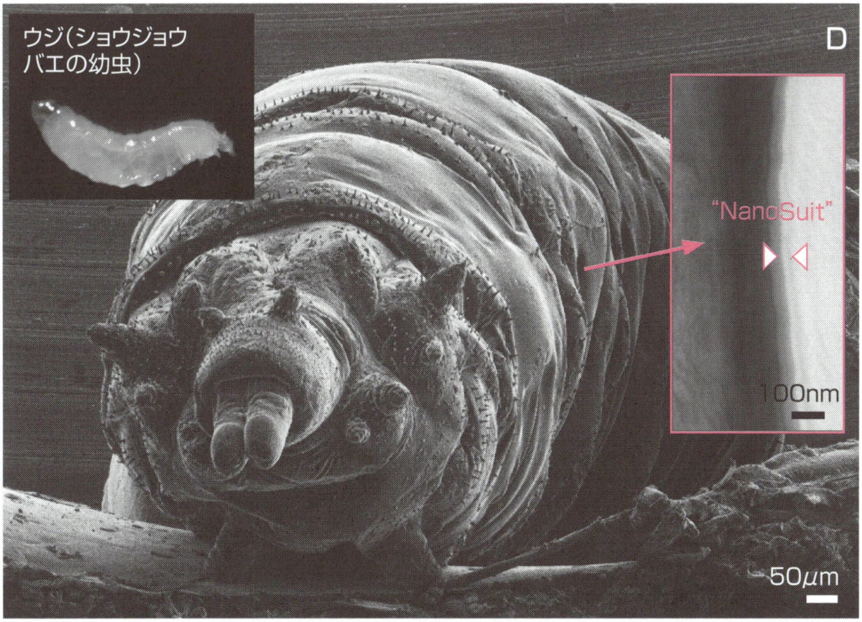
ウジ（ショウジョウバエの幼虫）
D
"NanoSuit"
100nm
50μm

22 バイオミネラリゼーション

硬くて強いアワビの殻

奇跡の青と称される曜変天目茶碗、多彩な光沢を放つジョルナイ陶器のエオシン釉、その発色の原理はタマムシの翅やハチドリの羽毛と同じく構造色だと言われています。無機質の鉱物が示す構造色としてはオパールが有名ですね。実は、生物も鉱物を使って構造色を出しています。それは、貝がつくる真珠層。養殖真珠の母貝であるアコヤガイ（ウグイスガイ科の二枚貝）、螺鈿に使われるヤコウガイ（サザエ科の巻貝）、身近な食材のアワビ（ミミガイ科の巻貝）など、ある種の貝類の殻の内側に形成されます。

貝類はイカやタコと同じ軟体動物で、その特徴は外套膜で体が覆われていることです。頭足類のイカの外套膜は発達した筋肉として運動性を得ました。一方、多くの貝類は外套膜から石灰質を分泌して貝殻を形成し体を保護しています。貝殻の主原料は棲息環境から取り込んだカルシウムイオンであり、炭酸カルシウムとして分泌された硬組織は生体鉱物（バイオミネラル）と呼ばれます。貝殻は代謝廃棄物の有効利用であり、生物が作る「セラミックス」であるとも言えます。

外套膜からは、斜方晶系のアラゴナイト（あられ石）が層状に配列した真珠層、三方晶系結晶のカルサイト（方解石）が柱状に並んだ稜柱層が形成され、いずれの層にもコンキオリンと呼ばれるタンパク質が無機物結晶の間を埋めています。さらに稜柱層の外側にはキチン質で出来た殻皮があります。真珠層が光沢ある構造色を発する理由は、アラゴナイトの層状配列に基づいた多層膜干渉であることは、タマムシの発色機構と同じです。セラミックスである茶碗は割れるのですが、アワビの殻は落としても叩いても割れません。貝殻では、タンパク質が無機結晶をセメントのように接着して強くする効果があるのです。有機・無機ハイブリッド材料である骨や歯のエナメル質が硬くて強い理由も同じなのです。

要点BOX
- ●貝殻は代謝廃棄物の有効利用
- ●有機・無機ハイブリッド:有機層が強さの秘訣
- ●貝殻の構造色は装飾品にも使われる

アワビの外見

貝殻の断面構造の模式図

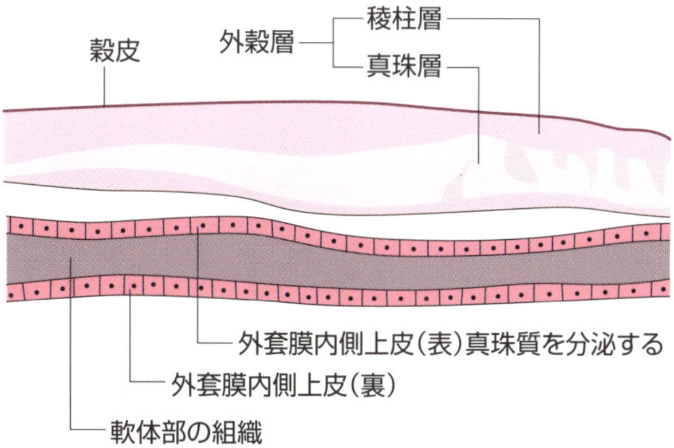
殻皮
外殻層
稜柱層
真珠層
外套膜内側上皮（表）真珠質を分泌する
外套膜内側上皮（裏）
軟体部の組織

真珠層の電子顕微鏡像

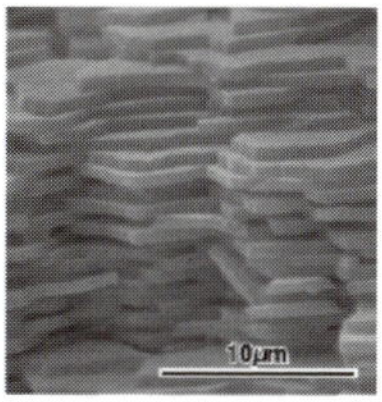
10µm

貝殻断面のミクロ層状構造の模式図

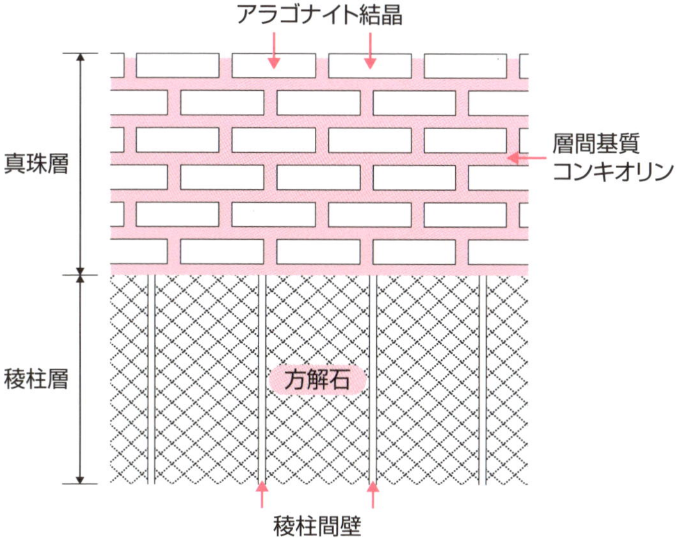
アラゴナイト結晶
真珠層
層間基質
コンキオリン
稜柱層
方解石
稜柱間壁

23 粉末のようにふるまう液体

リキッドマーブルの不思議

アブラムシの中に、自ら排出する蜜の液滴表面を固体ワックス粒子で覆うことで液体を団子状にし、蜜が自身の体、巣の内壁に濡れ広がらないようにすることで、巣の中で溺死することを防いでいる種類がいます。表面が固体微粒子により被覆された液滴は、リキッドマーブルと呼ばれ、これに力を加える（指で練るなど）ことで液を内部から取り出せます。液体を弾く粉の上で液滴を転がすことで、人工的にもリキッドマーブルの作製が可能であり、その集合体は粉体としてふるまうことが明らかになっています。

粘着剤は、粘度の高い液体状高分子であり、瞬間に接着するという特徴を持つため、利便性が高くシールやラベルとして広範に利用されています。さらには日本の重要産業分野である自動車や電子材料などの先端工業分野においても必要不可欠な材料として使用されています。従来の粘着剤は、フィルム基材に塗布した形態（粘着テープ）およびスプレーによる噴霧形態で利用されていますが、そのべたつきが取り扱いにくさの原因となっています。

高粘度液体である粘着性高分子の液滴表面を固体微粒子で覆ったリキッドマーブルを作製することで、粘着剤の粉末化が可能です。この粉末状粘着剤は、流動性を有する粉体として振る舞いますが、板に挟む、ねじを締めるなど力を加えると、固体微粒子が形成する殻がこわれて内部の粘着性高分子が顔を出し、粘着性を発現します。この粉末状粘着剤は、新規の粘着剤の形態であり、これまでの形態では粘着剤を塗布することが叶わない微小空間への粘着剤の運搬を実現し、目的箇所の接着を可能にします。そのため、建築物の微細な亀裂部分の接着や微小反応容器、マイクロチャネルなどの微小部材の接着が可能になります。さらに、意匠性の高まりにより形状が複雑化する自動車、電子製品に使用する部材の接着も可能になると期待できます。

要点BOX
- ●アブラムシのリキッドマーブル技術に学ぶ
- ●ベタベタする粘着剤を粉末化
- ●外部から力を加えると粘着性が発現

アブラムシが持つ液体粉末化技術

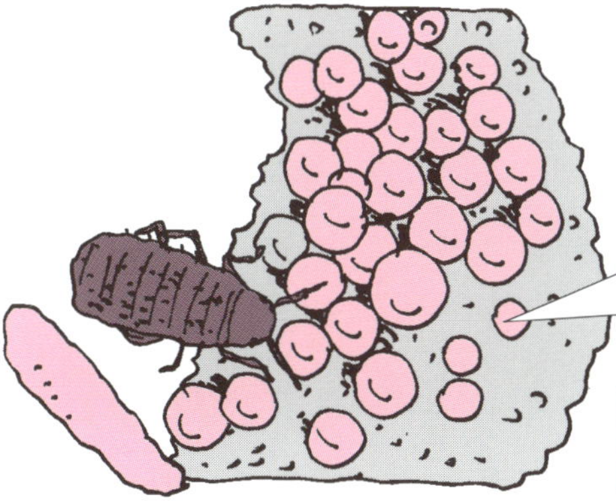

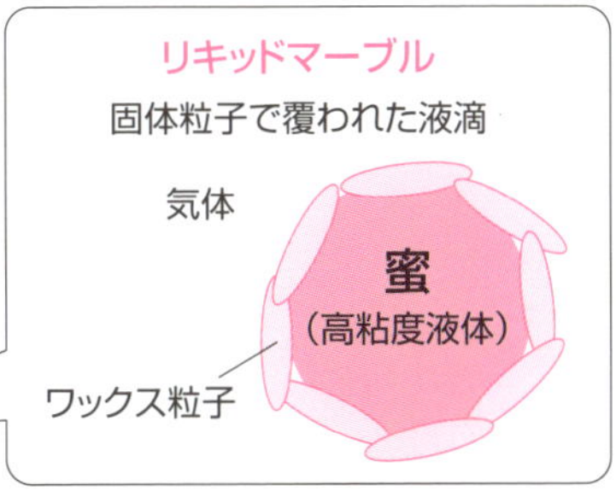

リキッドマーブル
固体粒子で覆われた液滴
気体
蜜
（高粘度液体）
ワックス粒子

- 固体基板に濡れ広がらず、転がる
- つぶすことで内部液の取り出しが可能
- 集合体は粉として振る舞う

粉末状粘着剤

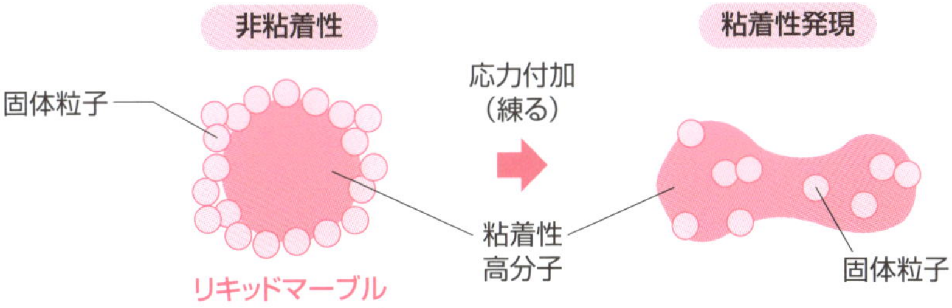

非粘着性
粘着性発現
固体粒子
応力付加
（練る）
粘着性
高分子
固体粒子
リキッドマーブル

粉体

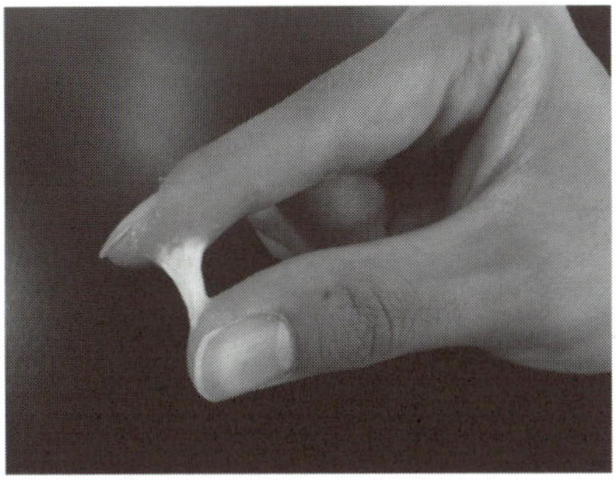

粘着剤

- ハンドリング性が高い
- 微小空間、入り組んだ空間の接着が可能
- 必要な場所、タイミングで接着が可能

Reproduced by permission of The Royal Society of Chemistry (*Mater.Horiz.*, 2016, 3, 47-52)

24 水の中でもちゃんとくっつく

環境に優しい接着剤

海辺に行くと岩礁や岸壁などにイガイやムラサキガイがたくさん張り付いているのを見かけます。彼らは自ら接着剤を分泌して岩などにくっついていますが、人間がつくった接着剤は一般的には表面が濡れているとうまく接着しません。しかし、イガイは海水で濡れている岩礁に、しっかりとくっついています。いったいどういう仕組みなのでしょう?

イガイは足糸という細い脚を伸ばし自分の体を固定しています。その先端の接着円盤という部分からイガイ接着タンパク質Mussel Adhesion Protein（MAP）というタンパク質が分泌され、接着剤の役割を果たしています。タンパク質とはたくさんのアミノ酸が結合してできている巨大分子で、このMAPにはL－ドーパというアミノ酸が含まれていることが1980年に明らかになりました。このL－ドーパの最大の特徴はベンゼン環に2つの水酸基が結合したカテコール構造を持っている点です。このカテコールは様々な物質と水素結合したり、岩に含まれる金属と強く結合したり、タンパク質同士を連結して水に溶けない組織を作ります。これがイガイが水中でも強力にくっつく原因です。

このユニークな性質を真似た接着剤の実現を目指し、カテコールを含んだポリマーが人工的に合成されました。約10％のカテコールを含むポリマーとチロシナーゼを混ぜて水に溶かし、2枚の基板に塗って貼り合わせると数分から数十分で固まりました。強度を調べてみると1センチ四方の接着面積があれば約5kgのおもりをつり下げることができました。この接着剤は有機溶剤を使わず、毒性も低く、水で濡れている物質同士をくっつけることが特徴です。そのため生体組織やゲルなども濡れたままくっつけることができ、手術用や医療材料用の接着剤として応用が期待できます。最近ではフジツボがくっつく仕組みを利用した新しい接着剤も研究されています。

要点BOX

- ●イガイは接着タンパク質を分泌する
- ●L-ドーパは弱アルカリ性（海水のpH）で固まる
- ●イガイとフジツボはくっつく仕組みが異なる

イガイ接着円盤断面の模式図

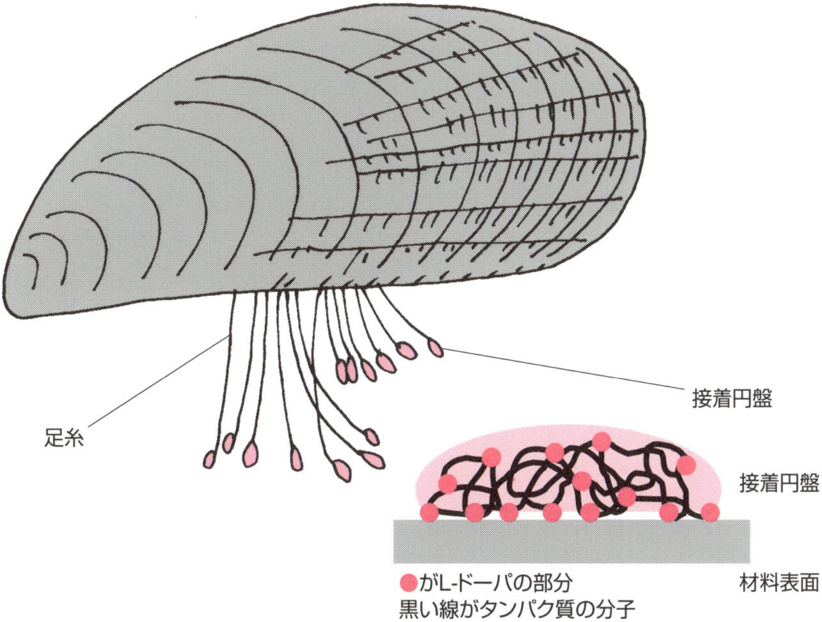
接着円盤
足糸
接着円盤
材料表面
●がL-ドーパの部分
黒い線がタンパク質の分子

接着円盤から分泌される接着タンパク質の分子構造

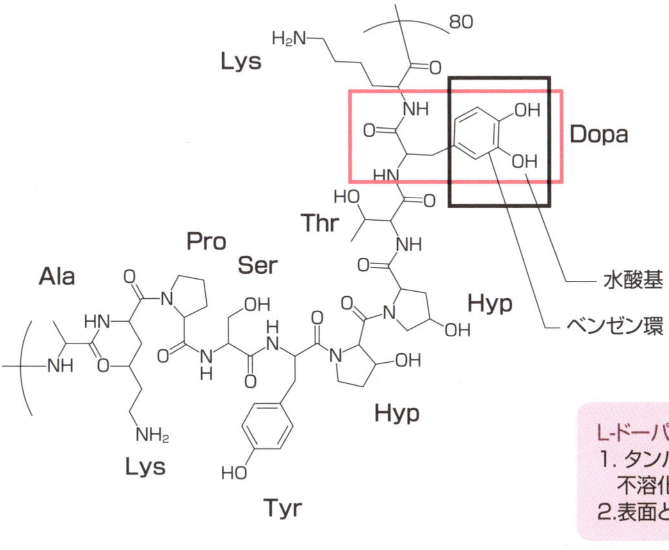
80
H_2N
Lys
O
NH
OH
Dopa
O
OH
HN
HO
O
Thr
NH
Pro
O
Ser
Ala
O
OH
O
N
Hyp
HN
H
N
O
N
OH
NH
O
N
H
O
N
OH
NH₂
Hyp
Lys
HO
Tyr
水酸基
ベンゼン環

●赤い囲み部分をL-ドーパという。(3,4-ジヒドロキシ-L-フェニルアラニン)

●黒い囲み部分をカテコールという。

L-ドーパの役割
1. タンパク質同士を連結し不溶化する
2.表面と強く結合する

Column②

チョウだけじゃない、鱗粉の秘密

昆虫綱無翅類のシミをご存知でしょうか。本棚などの狭い隙間に入り込み、本を食して生息し、本の中を泳ぐように動き回ることから、〝紙魚〟と書かれます。日本の家屋でもよく見られるセイヨウシミは、白く輝いて見えることから〝シルバーフィッシュ(Silverfish)〟と呼ばれています。セイヨウシミの表面には鱗でもあるのでしょうか。そして、光が散乱されるからには、何らかの微細構造があるに違いありません。

そこで、走査型電子顕微鏡によってシミを観察してみました。翅の無いセイヨウシミの体表面は、まるでチョウの翅のように鱗粉で覆われているのです。そして鱗粉の表面は、人工的につくったような周期的な溝構造が形成されています。チョウやガのように鱗翅目とよばれる昆虫の鱗粉では、構造色を示すモルフォチョウが有名ですね。モルフォチョウの鱗粉の周期構造に比べるとセイヨウシミの規則性はそれほど高くはないことから、セイヨウシミの鱗粉には発色以外の機能がありそうです。そもそも暗い隙間に潜んで生息するシミには美しい構造色は必要なさそうです。原子間力顕微鏡を用いてシミの鱗粉表面の摩擦力を測定した結果、溝に沿った方向で摩擦力が小さくなることが分かりました。本の中を〝泳ぐ〟ことと関係がありそうです。

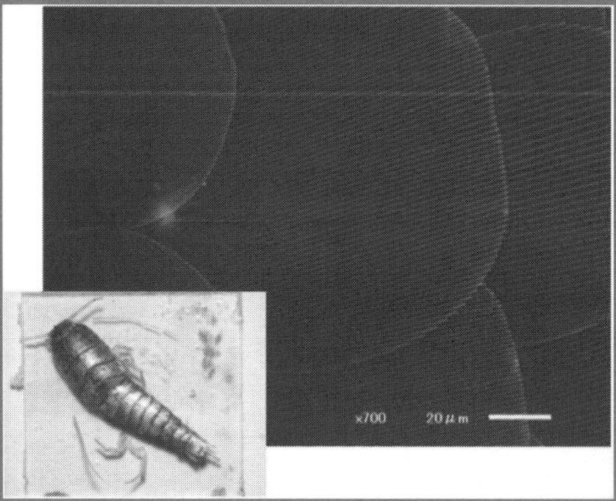
×700
20μm

セイヨウシミ

第3章

情報の受信と発信の仕組みに学ぶ

25 コウモリとイルカに学んだバイオソナーシステム

音でものを見る

コウモリは暗闇の中を飛び、餌である昆虫を捕まえることができます。人には聞こえない超音波と呼ばれる高い周波数の音を出し、反射してきたエコーを聞くことで、物体の距離や位置などをすばやく探知できています。このような能力をバイオソナーと呼び、イルカも同様の能力を持っています。

コウモリやイルカが出している音の特徴としては、時報の音のように単一の周波数の音ではなく、広帯域と呼ばれるいろいろな周波数を含む音色を持った音です。この音色の違いを聞き取る能力があるので、コウモリは細かい距離の違いを知覚できるのです。

コウモリが出している音をスピーカーから出し、マイクで昆虫からのエコーを計測できます。しかし、小さい昆虫からのエコーは弱いので、検知が難しくなります。そこでコウモリの音を受け取る仕組みを応用することで、小さいエコーを上手に検知することができ、距離と方向を推定できることが明らかになっています。人間もコウモリと同じように昆虫の動きをエコーから推定することができるのです。

このような能力は水中では魚群探知システムに応用されています。従来の魚群探知機では、単一の周波数の音を海中に送信し、魚群から反射してきたエコーを受け取ります。複数の魚からのエコーが混ざった状態で返ってきますので、エコーの大きさから間接的に魚の尾数を推定しています。イルカが出しているような広帯域の音を出すと、1匹1匹からのエコーを個々に探知できますので、エコーの数をカウントすることで、魚の尾数を知ることができます。また、複数の水中マイクに到達する時間差から方向も推定でき、一定の時間間隔で音を送信することで、海の中の魚の動きも推定できます。加えて、エコーの音色の情報を用いて、魚種を判別できる可能性が示されており、新しい海洋生態系の調査への応用が期待されています。

要点BOX
- ●コウモリやイルカが出す超音波は広帯域である
- ●仕組みを模倣すれば、生物の動きを推定可能
- ●海洋生態系の新しい調査方法に応用可能?

超音波を発し反射してきたエコーで昆虫の動きを知る

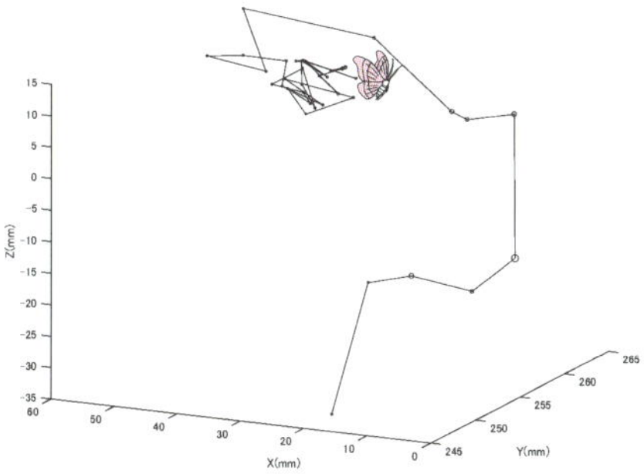
Z(mm)
X(mm)
Y(mm)

従来の魚探（左）と新しい魚探（右）の比較

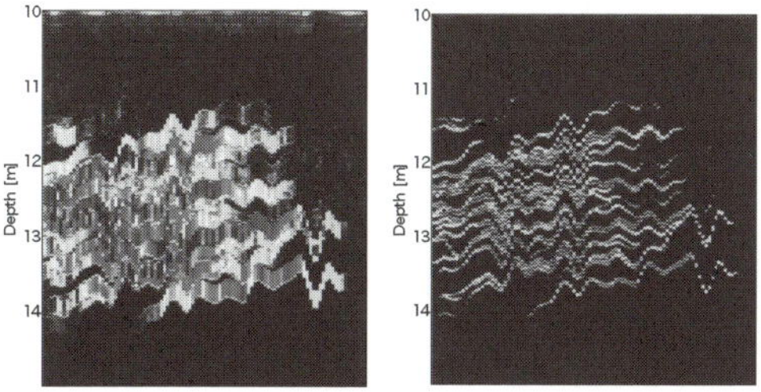
Depth [m]
Depth [m]

左の場合、1匹1匹の魚のエコーが分離されずにまとまった状態となっています。新しい魚探の場合、分離できていることがわかります。この数をカウントすることで魚の尾数がわかります。

魚群の動きを3次元的に可視化

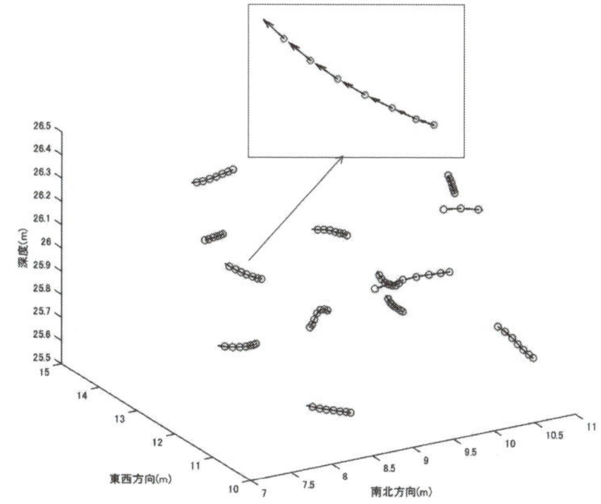
深度(m)
東西方向(m)
南北方向(m)

26 危険、近づくな！振動や音のサイン

振動や音による行動制御

昆虫は固体を伝わる振動や空気を伝わる音を情報として利用しています。振動と音の情報は、①捕食者―被食者間、②同種内の異性間、③その他の関係において重要な役割を持ちます。例えば、①音受容器として鼓膜器官を持つガは、捕食者であるコウモリの発するエコロケーションのための超音波を検知し、飛翔の停止などによって捕食を回避します。また、②アワノメイガのオスは、超音波を発してメスを不動化（フリーズ反応）させて、交尾に至ります。一方、③カブトムシの蛹は低周波の振動を発して、同種の幼虫が接近するのを防ぎ、身を護ります。特に、アワノメイガやカブトムシにおいて、発信者はフリーズ反応をおこす捕食者の情報を模倣して、受信者を騙すように進化したと考えられています。

昆虫が利用する音や振動の情報の特性を活用すると、害虫の行動を制御することが可能となります。マツの重要害虫であるマツノマダラカミキリ（以下カミキリ）は、肢に弦音器官と呼ばれる高感度の振動受容器を持っています。この弦音器官はほぼ全ての昆虫が持っており、感覚細胞が細長く硬い内突起に付着しているため、肢の接地面から伝達する振動を検知することができます。また、カミキリは、低周波の振動に対してフリーズ反応などを示します。この特性を応用し、高出力の振動発生装置を用いて樹木に特定の振動を与えると、カミキリの定着や摂食が阻害されます。これらはカミキリなどの害虫を対象として、行動阻害などを起こす振動を用いた環境低負荷型の防除技術の開発につながると期待されます。

昆虫をはじめ様々な生物が用いる音や振動の生物学は、物理と工学、そしてバイオミメティクスを含む幅広い学問領域であり、「生物音響学」と呼びます。昆虫の振動受容器を模倣した小型センサのような振動や音に関する技術や製品開発が期待されます。

要点BOX
- ●昆虫は振動や音を利用し、様々な行動をとる
- ●昆虫は肢に高感度の振動受容器を持つ
- ●振動による害虫の行動制御を防除技術に応用

コオロギの前肢（腿節）の弦音器官

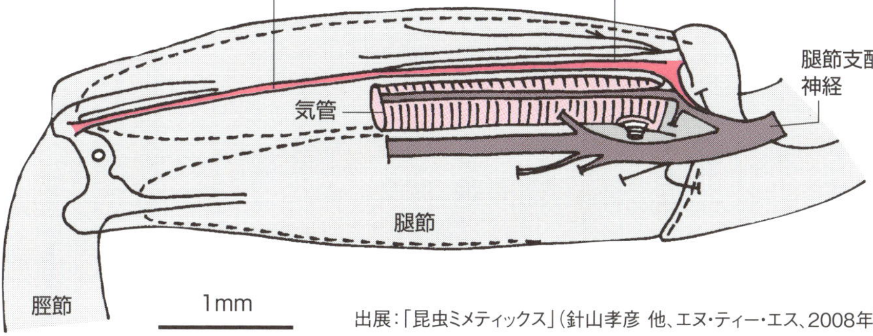
内突起
感覚細胞
腿節支配
神経
気管
腿節
脛節
1mm

出展：「昆虫ミメティックス」（針山孝彦 他、エヌ・ティー・エス、2008年）

マツの害虫であるマツノマダラカミキリ

振動を用いた害虫防除技術

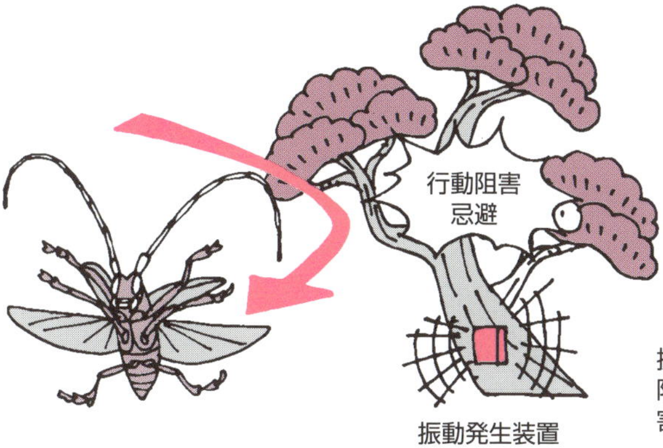
行動阻害
忌避
振動発生装置

振動を樹木に発生させて、行動阻害・忌避をおこすことによって害虫の被害を防ぎます。

27 音の方向を知る仕組み

ムシの耳と人間の耳

我々の耳は干渉計になっていて、音波の来た方向がわかります（図1）。干渉計の方向分解能は、その基線が長いほど良くなります。ヒトの両耳間距離（基線長L）は約16㎝で、正面からカチカチ音を出しているスピーカの位置が1度（1m先で横に1・7㎝）ズレると、目を閉じていてもわかります。θ方向からの音が左右の耳に届く時間差Δtは、図1の行路差ΔD（=L・sinθ）を音速（約340m／s）で割ったものです。θが1度ですから、Δt≈8μs（マイクロ秒：百万分の1秒）です。この超高精度の時間差検出の秘密は、多数の神経細胞を投入した並列統計計算にあります（文献1）。

体が小さく神経細胞数も少ない昆虫は、この方式を使えませんが、トリック解を見つけたムシもいます。コオロギのオスは、翅を擦り合わせて4・5㎑の呼び鳴き音を出します。メスの鼓膜は両前足のスネの付根にあります。左右の間隔は高々1㎝で、4・5㎑の音の波長（≈7㎝）の1／7しかないので、どの方向からの音も鼓膜の外面を押す力は同じです。（図3）。しかし、感覚細胞が載っている鼓膜の振動には明らかな方向依存性があります（図2実線、文献2）。同じ側からの音には振動しますが、正面から30度以上外れた反対側からの音には振動しません。コオロギの祖先は、酸素を取込むための気管を反対側の気門から入る音の体内伝音路に転用しました。さらに、左右の気管が接する中隔膜の質量と弾性を調節して位相が360°遅れた音で内側から鼓膜を押せば、外側からの力と釣り合って鼓膜は振動しないことにも気付いたのです。図2の指向性を持った鼓膜で、左右が同じ振動を感じたときに前方へ歩けば、鳴いているオスに到達します。この超小型干渉計のトリック解を採用したコオロギが、4・5㎑の純音で鳴くことへ自分自身を縛り付け、我々の秋の夜を詩情豊かなものにしてくれたのです。

要点BOX
- ●ヒトは左右の耳の時間差から神経部が計算
- ●体が小さく神経細胞も少ない昆虫には不可能
- ●左右の気管をつなぐトリック解で方向を識別

図1　干渉計としての聴覚器

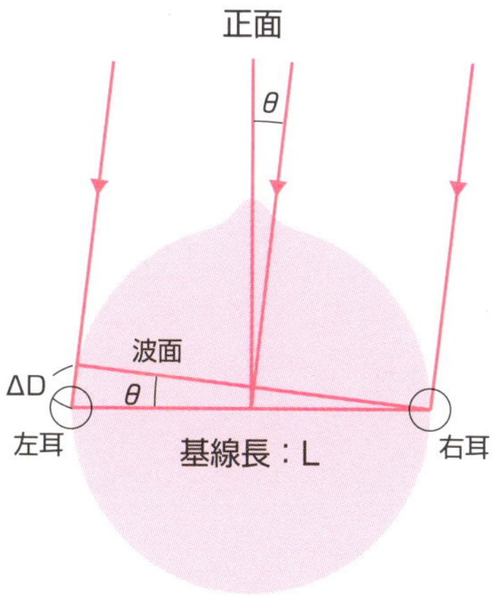
正面
θ
波面
ΔD
θ
左耳
基線長：L
右耳

図2　鼓膜の振動の方向依存性

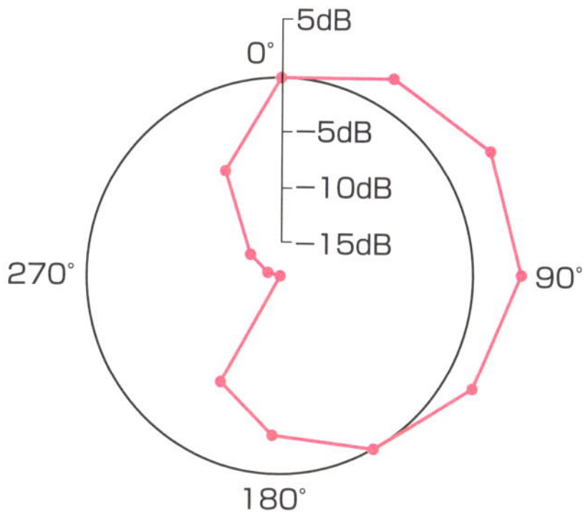
5dB
0°
−5dB
−10dB
−15dB
270°
90°
180°

0°が正面、90°が同側、反対側からの音には振動しません。

図3　コオロギの鼓膜と気門

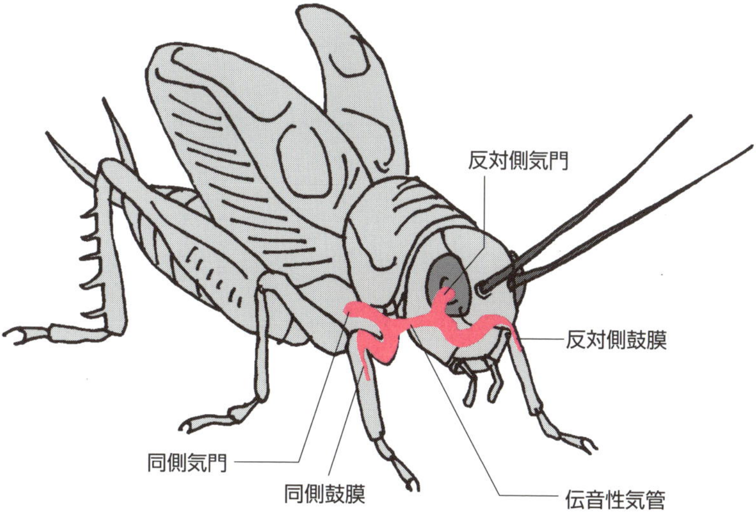
反対側気門
反対側鼓膜
同側気門
同側鼓膜
伝音性気管

文献1:小西正一、フクロウの音源定位の脳機構、「科学」(岩波書店)60(1):P18-28、1990
文献2:Michelsen A. & Löhe G.、「Nature」:P375:639、1995

28 微弱な風で気配を探る

コオロギに学ぶ気流センサ

コオロギの腹部末端の尾葉（図1A矢印）には、直径1・5〜10㎛、長さ20〜1500㎛の気流感覚毛が多数生えています（同B）。気流からの粘性力で毛が傾くと、感覚毛の付根にある感覚細胞が中枢へ神経パルスを送ります（同C）。感覚毛の傾きをレーザドプラー速度計で測ると、気流感覚毛の機械設計がわかります（図2）。感覚細胞が神経パルスを送り出す最低の気流速度から感覚細胞のエネルギー閾値を計算すると、分子1個の熱運動エネルギーkBTと同程度で、観測器としての究極の感度でした（図3、文献1）。天敵のカリバチは、その羽ばたき周波数の音源としては小さ過ぎるので、圧力波は出ませんが、空気が激しく揺れ動く近接場ができます。ベクトル量である気流速度のセンサがあれば、音源の方向は直接わかります。

ＭＥＭＳ技術でコオロギの気流感覚毛を真似た気流センサを作れば、流速ベクトル場を可視化できます（図4A、文献2）。窒化シリコン膜の上に超厚膜フォトレジストＳＵ－８で直径50㎛長さ1000㎛の人工感覚毛を立てます。窒化シリコン膜のバネで毛を支え、感覚毛の両脇にクロム電極を蒸着して、その下のシリコン基板との間をコンデンサにします（同B）。気流で毛が傾くと両脇のコンデンサの静電容量が互いに逆向きに変わるので、それを電気的に検出して気流速度を測定できます。このシリコンセンサの問題は、コオロギの気流感覚毛と違って固く、気流による傾きも、気流から吸収できるエネルギー量も少ないことです。観測器が生成できる情報量（ビット数）は、観測対象から吸収したエネルギーに比例します。信号を増幅しても情報量は増えません。観測対象の柔らかさに整合して効率良くエネルギーを吸収できる観測器が理想であり、生物はその実例です。これからのセンサ技術には、この「柔らかさ」を如何に取り入れるかが最も重要です。

要点BOX
- ●気流センサは天敵の方向を直接教えてくれる
- ●MEMS技術で作れるセンサは硬い
- ●観測対象の柔らかさに整合したセンサが重要

図1　コオロギの気流感覚毛

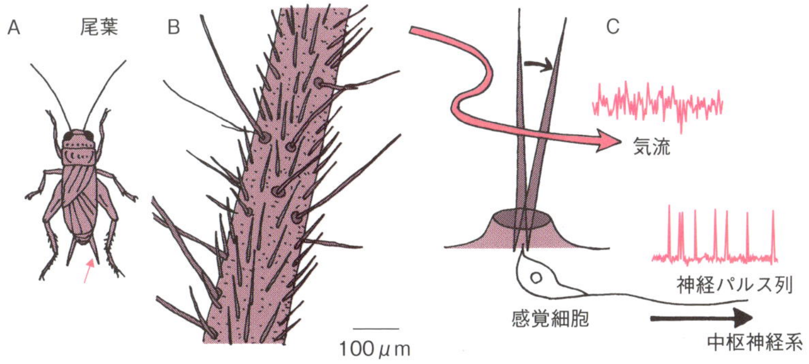
A
尾葉
B
C
気流
神経パルス列
感覚細胞
中枢神経系
100μm

図2　気流感覚毛の機械設計

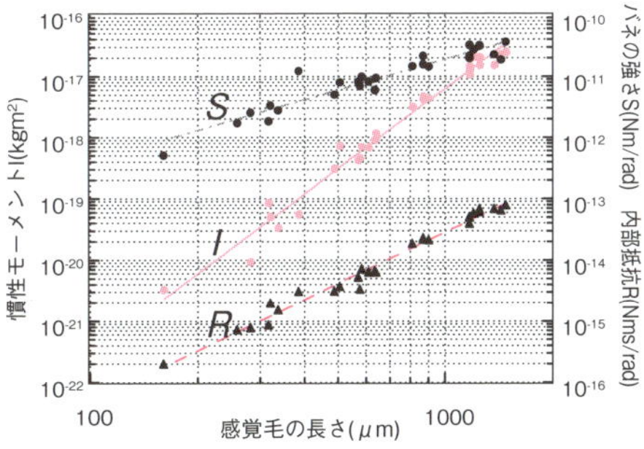
S
I
R
慣性モーメントI(kgm²)
バネの強さS(Nm/rad)　内部抵抗R(Nms/rad)
感覚毛の長さ(μm)
100
1000

図3　気流感覚細胞のエネルギー閾値

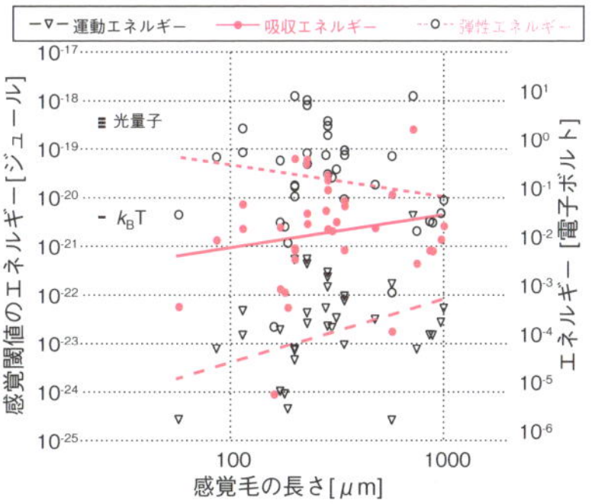
運動エネルギー
吸収エネルギー
弾性エネルギー
光量子
k_BT
感覚閾値のエネルギー[ジュール]
エネルギー[電子ボルト]
感覚毛の長さ[μm]
100
1000

図4　MEMS気流センサと構造模式図

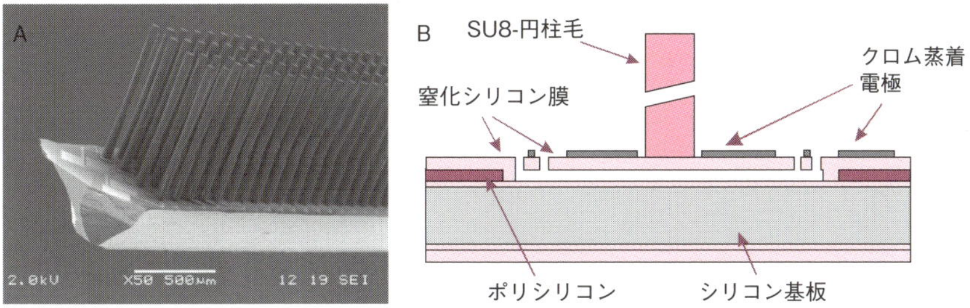
A
2.0kV
X50 500μm
12 19 SEI
B
SU8-円柱毛
クロム蒸着
電極
窒化シリコン膜
ポリシリコン
シリコン基板

文献1:下澤楯夫、「BIO INDUSTRY」(シーエムシー出版)　27(12):21-27、2010
文献2:Casas J、「昆虫ミメティックス」(エヌ・ティー・エス)P657-668、2008

29 100キロ先の情報をつかむタマムシの赤外線センサ

冷却不要の赤外線センサの開発へ

ナガヒラタタマムシと呼ばれるオーストラリアに生息する甲虫は、数十キロ先の山火事を感知して焼け木杭に産卵します。山火事の跡には捕食者がいないからだと考えられています。ボン大学のH．Schmitz博士らは、タマムシの複眼の後ろに配列している球状の細胞群が、高感度の赤外線センサとして働くことを明らかにしました。球状細胞は硬いクチクラの外壁で覆われており、その内部は細い水路が運河のように張り巡らされた〝カナル構造〟になっているのです。カナル構造の底には、メカノセンサとして作用する感覚毛があり神経系につながっています。赤外線はクチクラの殻を透過して内部の水を加熱します。硬いクチクラの殻に閉じ込められた狭い空間で熱膨張した液体は感覚毛を押すのです。外部からの〝熱情報〟は効果的に〝力学情報〟に変換されて神経系に伝達されるのです。

液体の膨張を利用して熱を検出するのは、アルコール温度計と同じです。一方、人間は高感度赤外線センサを作るために、フォトダイオードの作動原理である量子効果を使っています。GaAsなどの化合物半導体の光電効果を利用した赤外線センサが代表例ですが、検出感度を上げるためには素子を冷却する必要があります。生物は、閉じ込められた空間をうまく利用し、熱エネルギーから力学エネルギーへ変換することによって情報を得ているのです。

生物学者とＭＥＭＳ研究者の共同研究で、新しい作動原理で働く赤外線センサが開発されました。それは、孔を空けたシリコンウェハの前面に赤外線透過する窓材を張り、反対側には薄膜コンデンサを張り、孔の中に液体を閉じ込めただけの簡単な構造です。硬いシリコンの狭い空間に閉じ込められ熱で膨張した液体は、薄膜コンデンサを押すことでその容量変化を誘発するのです。熱エネルギーは力学エネルギーに変換され電気的に検出されるのです。

要点BOX
- ●生物は構造を使って温度を感じる
- ●熱情報を力学情報に変換
- ●稀少元素は使わない

ナガヒラタタマムシの温度感受細胞の構造

ナガヒラタタマムシの頭部

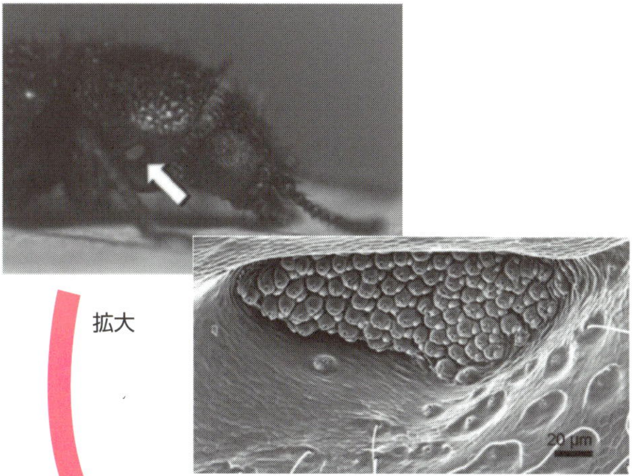
拡大
20 μm

熱感受細胞

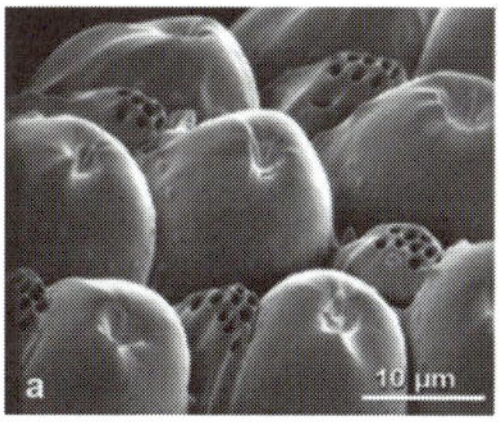
a
10 μm

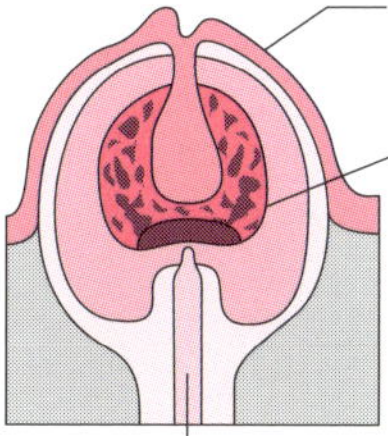
クチクラの外皮
カナル構造
メカノセンサ細胞

写真提供：H・Schmitz、ボン大学

タマムシ模倣センサの模式図

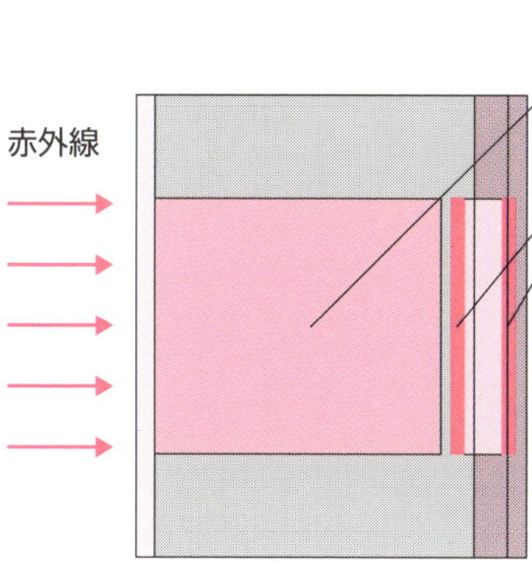
水
コンデンサ
赤外線

30 ハエの眼を持つヘリコプタ

複眼で飛行制御

22世紀の未来からやってきたドラえもんはタケコプターという「ひみつ道具」を持っています。自分の思った所に安全に飛んでいけます。そんな自律的に動き回る飛行体を手に入れることは人々の夢です。空中を飛び回って餌を捕ったり仲間を見つけたりできる昆虫は、突然起こる環境変化に瞬時に対応できるのです。優れた感覚ー運動制御システムは、自律ロボットの工学的なヒントの宝庫といえます。

ハエの複眼などは、1つの複眼あたり数千個程度の個眼からできています。1つの個眼には普通8個の視細胞が含まれていて、視細胞に続く神経ネットワークで情報処理されます。中央の上下に並ぶ2つの視細胞が色を、周囲の6個が光の方向の変化、つまり動きを弁別します。動きの弁別では、自身が移動していることによって生じるオプティックフロー（ＯｐＦ）を処理しているのです。昆虫を座標0とすると、ＯｐＦは虫にとって視認することができる物体が通り過ぎていく角速度ω（ｒａｄ／ｓ）です。恐らくコントラストの大きい物体を見ているようです。このωは運動検出ニューロンで、動物と環境との相対運動を測った情報となっていることが調べられています。ハエまたはハエを模したロボットがωを測定できれば、自身の移動速度Vを知ることができ、周りにある障害物までの距離をそのつど計算できます。この仕組みを使って、現在の速度に比例する距離の障害物を検出し回避することができるロボットが作られました。

これまでの自動操縦装置では多数の高価で大きなセンサを必要とするのですが、ハエ型自律型パイロット装置は重さ０・２ｇほどで、これを1つか2つロボットに積むことで、自己生成したＯｐＦを用いて環境内の特徴を検出し、安全に巡航し、位置同定が可能であり、追尾や障害物の回避を達成できるのです。ＯｐＦという単純な情報を有効に使うことで、安全なタケコプターを人間も手に入れたのです。

要点BOX
- ●自動操縦装置は多数の高価で大きなセンサが必要
- ●ハエは軽い体で空中を自由自在に飛翔
- ●オプティックフローの仕組みを真似て安全飛行

ハエの複眼と個眼の構造

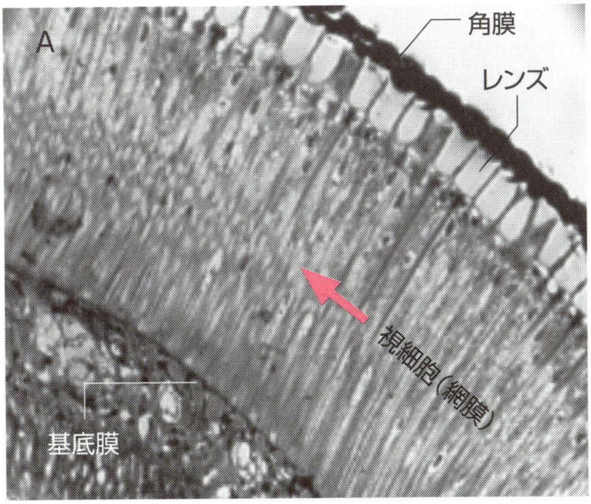
A
角膜
レンズ
視細胞(網膜)
基底膜

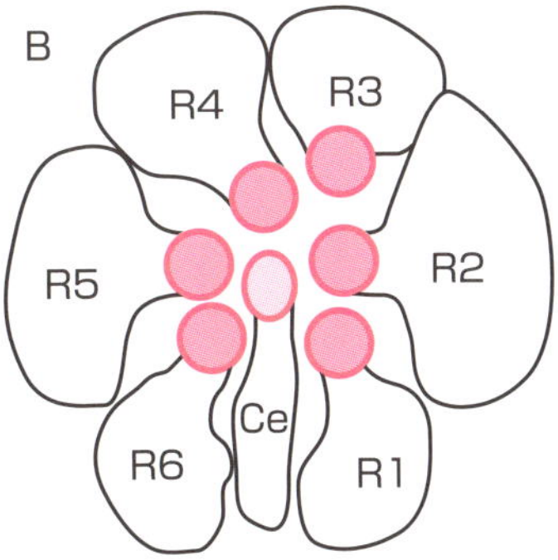
B
R4
R3
R5
R2
Ce
R6
R1

ハエの複眼を縦切りにすると(A)、外側から角膜とレンズを経て、視細胞に光が入射されることがわかります。その個眼を輪切りにしたもの(B)を観察すると、1つの中心視細胞(Ce)と6つの周辺視細胞(R1～6)からできています。周辺視細胞で動きをとらえています。視細胞は光の増減を細胞電位の大きさの違いに変えて基底膜を経て、上位のニューロンに情報を伝えます。動きの情報は、ロビュラプレートと呼ばれる脳に近い視葉にある運動検出ニューロンで情報処理されることがわかっています。つまり、複眼でとらえたOpFが、ハエの移動に重要な情報として使われているのです。

ハエ型歩行ロボットと飛翔ロボット

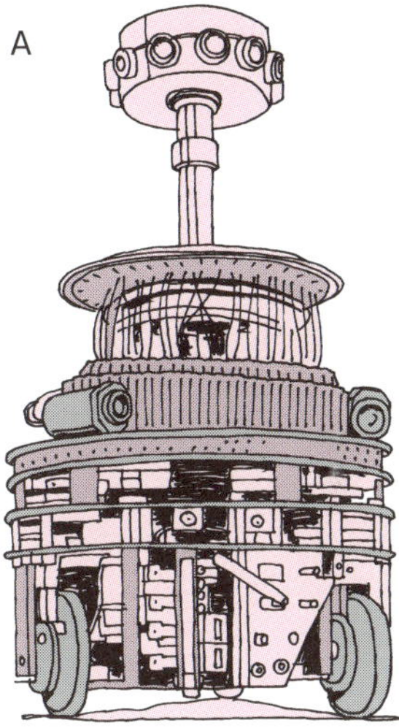
A

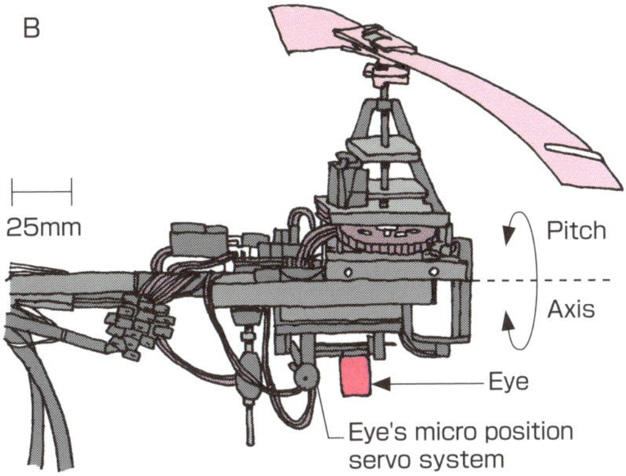
B
25mm
Pitch
Axis
Eye
Eye's micro position
servo system

ハエの複眼のOpFの情報処理システムを模倣して作られたハエ型歩行ロボット(A)と飛翔ロボット(B)。どちらもハエの行動によく似た歩行や飛翔の動きを示し、自律的に安全に移動を続けることができます。フランスのNicolas Franceschini先生らの生物に学んだ研究の成果です。

31 月明かりだけでも道に迷わない仕組み

ムシは偏光がわかる

　ファーブル昆虫記で有名なフンコロガシは、世界の各地にいます。糞を餌にするこのムシは、糞の匂いに集まって来てそこで見事なボールを作ります。ボールは体より重たい荷物を運ぶための手段です。「フンコロガシは、仲間同士とて仲が悪いのです」とファーブルが言ったように、ボールを作るとすぐに遠くに離れます。仲間に大事なボールを奪われない安全な自分の巣まで転がしていくのです。１９８９年にScholtz先生らは、フンコロガシの周囲の風景の位置を変えても、太陽を隠しても、巣を見つける能力に変化はないことを報告しました。それから10年も経ってScholtz先生は眼の研究者らと連携して、複眼の背縁部に直線偏光を識別することができるセンサがあることを見つけました。そして別の種のフンコロガシですが、夜間に月明かりが天空につくり出す偏光パターンを利用して、複眼で偏光を識別して位置情報をとらえていることを報告したのです。

　ムシはヒトと同じような光を受容する視物質を持っています。視物質はタンパク質なので細胞膜の中で自由に運動します。そのため、平らな膜の上に視物質があるヒトでは偏光を識別できません。一方、昆虫の光受容部は棒状の膜の中に視物質があるので、偏光受容能を持つことができるのです。我々の知らない情報を昆虫たちは使っているのです。直線偏光を識別できると、①直線偏光の方向の違いの識別、②魚の鱗のように偏光を反射するものが動くことで背景から区別、③水の表面反射による偏光の偏りを見て水面を識別、④水の反射の直行方向の偏光を使うことで水中を覗き込む、⑤天空の偏光パターンを利用してナビゲーションをする、などの動物の生存に直接関わる情報を受け取れます。ミツバチが偏光を利用して巣と餌場を行き来するナビゲーション行動を発見したK.von Frisch先生は、１９７３年にノーベル生理学・医学賞を受賞されました。

要点BOX
- ●昆虫の複眼には、偏光弁別能がある
- ●太陽も月も、天空に偏光パターンを作る
- ●ムシは偏光パターンを使って正確に移動する

虫たちは偏光受容能を持ち利用している

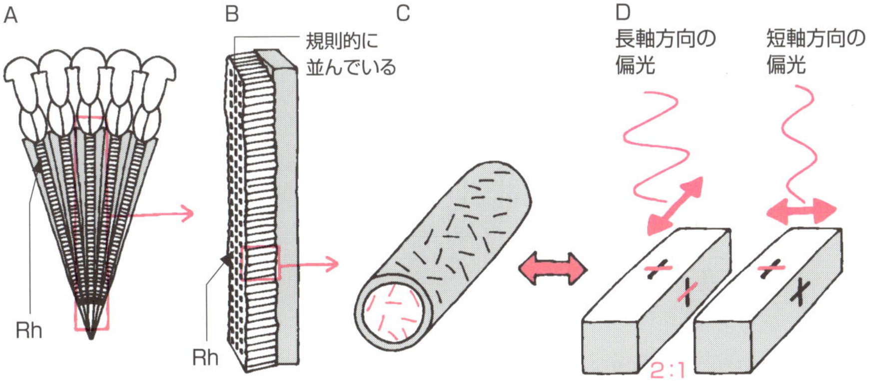
A
Rh
B
規則的に
並んでいる
Rh
C
D
長軸方向の
偏光
短軸方向の
偏光
2:1

マイクロビライを光に対して四角柱と考えて、視物質の吸収の高い向きを+で表しています。

私たちの網膜の視細胞では平板状の細胞膜の集積体ですが、昆虫などの複眼(A) ではラブドーム(Rh)と呼ばれる場所に円筒状のマイクロビライ(C)が集積しています。その細胞膜の中で視物質が自由運動しても、円筒状の構造によって、2対1の比率で円筒の長軸方向に高い偏光感度を持ちます(D)。視細胞に電極を刺して細胞応答の記録をとると、もっと高い偏光感度を示すので、たぶん視物質は細胞膜の中で運動を制限されているのでしょう。

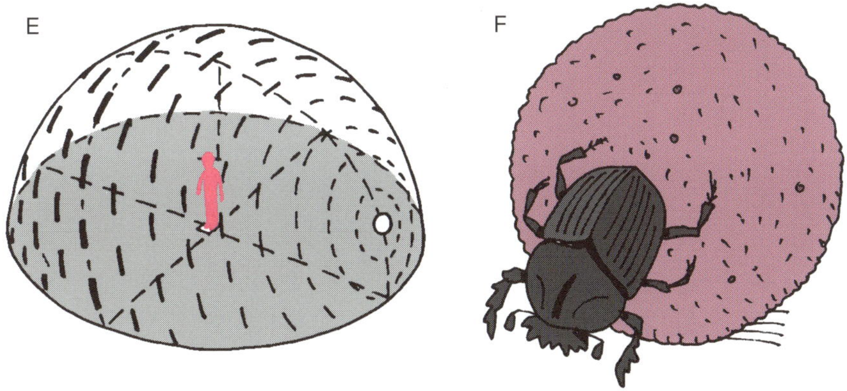
E
F

太陽光は、空に存在している微粒子によって散乱されます。散乱光強度は、光の波長の4乗に逆比例するので空の青が引き立つのですが、その際天空には偏光強度の異なるパターンが生じる(E)のです。このパターンは、太陽がある日中でも、太陽光の反射によって輝く月が際立つ夜でも生じます。円筒状の偏光アナライザを持つフンコロガシたち(F)は、この天空の振動面の違いを指標にして、帰巣したり、餌場から直線的に離れていったりできるのです。

32 虫の求愛の仕組みからセンサ技術が生まれる

ガ類の優れた嗅覚メカニズム

昆虫は揮発性の化学物質の放出と受容によって互いにコミュニケーションします。例えば「ガ類の性フェロモン交信系」の話はファーブル昆虫記でも触れられるほど有名です。ガ類のメスは種に特異的な性フェロモンを体内で産生し、大気中に分泌します。この性フェロモンをオスが受容することで、他種の昆虫が存在する環境の中から同種のメス個体を見つけ出します。これが引き金となり交尾行動に至ります。

1959年にカイコガで性フェロモンが初めて発見されて以来、現在までに500種類を超える昆虫種から性フェロモンの成分が同定されています。その大半は、2種類以上の成分が異なる比率で混ざったフェロモンブレンドです。フェロモンブレンドは、種に特異的な成分と比率で構成されることで、種の保存や生殖隔離に重要な役割を果たしています。オスはフェロモンブレンドの構成成分と、それらの構成比率を検出し同種のメスを見つけ出すのです（図1）。

オスのガは頭部に存在する触角で性フェロモンを受容します。触角には、嗅感覚子と呼ばれる多数の毛状の突起が存在し、その内部には複数の嗅覚受容細胞があります（図2）。嗅覚受容細胞の樹状突起には、性フェロモン成分を受容する嗅覚受容体（性フェロモン受容体）が埋め込まれています。原則的に、1つの嗅覚受容細胞は1種類の性フェロモン受容体を持ち、受容体が性フェロモン成分と結合すると、嗅覚受容細胞を活性化させ、脳へと情報が伝わります。ガ類は1つの種で複数種類の性フェロモン受容体を持っており、触角は異なる性フェロモン受容体を持つ嗅覚受容細胞が並んだ構造をとっています。この触角を用いて、ガ類は複数成分の異なる比率から成るフェロモンブレンドを検出しているのです。成分とともに比率を検出するガ類の性フェロモン受容機構を解明することで、複数成分から構成されるガス検知といったセンサ技術への応用が期待できます。

要点BOX
- ●性フェロモンは複数成分で構成
- ●性フェロモン成分は受容体で検出
- ●性フェロモンの成分と比率を検出する機構

図1　種に特異的な成分で構成されるガの性フェロモン

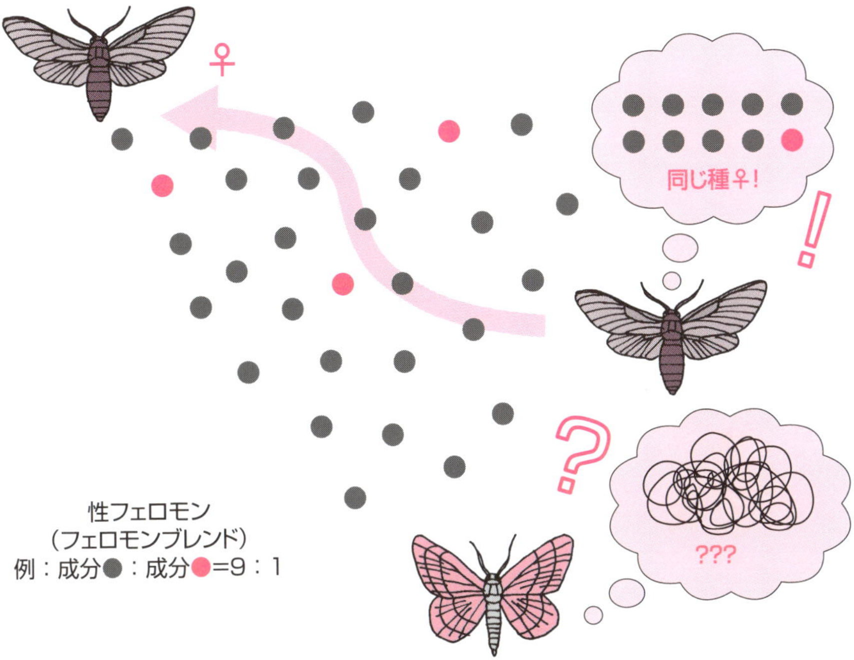
♀
同じ種♀!
!
?
???
性フェロモン
（フェロモンブレンド）
例：成分●：成分●=9：1

図2　嗅感覚子の模式図

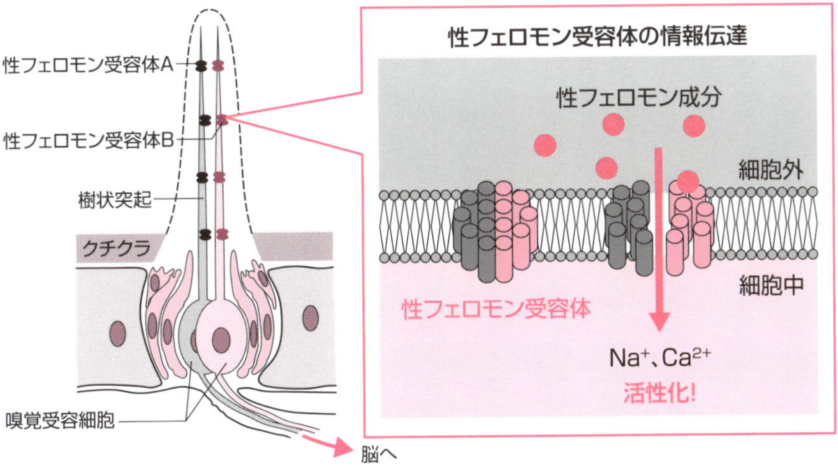
性フェロモン受容体A
性フェロモン受容体B
樹状突起
クチクラ
嗅覚受容細胞
脳へ
性フェロモン受容体の情報伝達
性フェロモン成分
細胞外
細胞中
性フェロモン受容体
Na+、Ca2+
活性化!

33 アリは匂いで家族がわかる

化学環境センシング

女王を中心に家族で巣を構え社会生活を営むアリは、触角に数種類のタイプの違う匂いセンサを備えています。同じ巣で生活している巣仲間（家族）どうしは同じ体臭を持っています。アリは、特殊なセンサでこの匂いの違いを嗅ぎ分けることができます。アリにとって「出会った相手が自分と同じ家族かどうか」という問いは、「相手が自分と同じ匂いを持つかどうか」という問いに置き換えられ、違う匂いのする相手には容赦ない攻撃を仕掛けます（図1）。

花の匂いや焼き鳥の匂い、石鹸の匂い、様々な匂いは、複数の化学成分がそれぞれの割合で混じり合い、程よい量が大気中に漂うことによってその特徴を示します。アリの体臭もクロオオアリで18種類、エゾアカヤマアリで40種類以上の化学成分が混じり合ってできていて、家族で匂いが違うのは、匂いを構成する成分の割合が少しずつ違っているからです。アリのセンサはこの違いをちゃんと感知できるのです。

匂いは不思議です。自分の匂いは気にならないのに他人の匂いは気になって仕方がない、そういう経験はないですか（図2）？ 気にならない匂いの情報は無視して構わないのなら、いろいろ考える負担がかからないぶん、脳は楽です。アリにとって「自分の匂い＝家族の匂い」はさしずめ無視して構わない情報なのかもしれません。一方、警戒しなければならない「よそ者」は予測が難しいけれど、想定外の「よそ者」をそれと見破るためには、未知の匂いに対応できるように万全な備えが必要です。実際に、長さ10ミクロンの小さいセンサの中に、多様な匂い成分の分子を受け取るように神経細胞が130個も詰まっています。

大気や水質の化学環境をモニターするセンサも、ほとんど変化がなければわざわざ分析する必要はもありませんが、警戒を要する変化があったときに備え、未知の異物の混入にも見逃さない工夫や性能が求められています。

要点BOX
- ●アリは体臭で家族とよそ者を区別する
- ●家族とよそ者を嗅ぎ分ける匂いセンサがある
- ●化学環境管理センサの手本にできる

図1　攻撃を仕掛けるアリ

図2　「自分の匂い」「家族の匂い」「他人の匂い」

自分のニオイは
わからない
少し気になる
ニオイだなァ
家族どうし
同じニオイは
気にならない
とっても気になる
ニオイだなァ

34 自然生態系のシステムに学ぶ

植物と昆虫の攻防

白亜紀[※1]に被子植物が現れました。被子植物の繁栄とともに爆発的な昆虫の多様化も進み、植物と昆虫の間で「食う-食われる」の関係が確立します。その関係は深く複雑になりました。一方、人類が狩猟採集社会から農耕に移行し始めた時期は約1万年前です。つまり約1万倍の経験の差があるのです。地球環境に与える負荷を抑えつつ、90億人[※2]の胃袋をどう満たしていくか。このためには、長い進化の過程で築き上げられてきた生態系を注意深く見つめ、そのシステムを利用した植物防御法の開発が望まれています。現在知られている代表的な昆虫-植物の相互作用を上の図にまとめました。

大豆の品種にはハスモンヨトウ（チョウ目の幼虫）抵抗性品種が知られています。しかしながら、それらの品種がなぜ抵抗性を持つのか、そのメカニズムが十分にわかっている訳ではありません。

幼虫の食害によりダイズに誘導される化学成分も注目されています。誘導される成分を定量的に評価するには、幼虫の食害を一定にコントロールする必要があります。そこで、幼虫の吐き出し液に注目しました。植物に傷をつけ、そこに吐き出し液を塗ると、幼虫に食害された場合と同じ反応が植物に起こります。幼虫の吐き出し液を使えば、定量的に幼虫の食害をミミックすることができるのです。幼虫の吐き出し液中の成分が傷から身体に入ると、植物は幼虫の攻撃に〝気付く〟システムを持っているのです。

トウモロコシやタバコ、ワタ、ササゲなど多くの植物が幼虫の吐き出し液成分に触れると、様々な防御反応を活性化します。興味深いことに、自分を食べるイモムシの吐き出し液成分に対して、植物はより敏感に反応します。

このシステムに注目し、ダイズが持つハスモンヨトウに対する抵抗性メカニズムを利用した植物保護法の確立を目指した研究が進行中です。

要点BOX

- 「食う-食われる」の関係には一億年の歴史
- 幼虫吐き出し液中に含まれるある成分により抵抗性が誘導される

昆虫と植物の相互作用

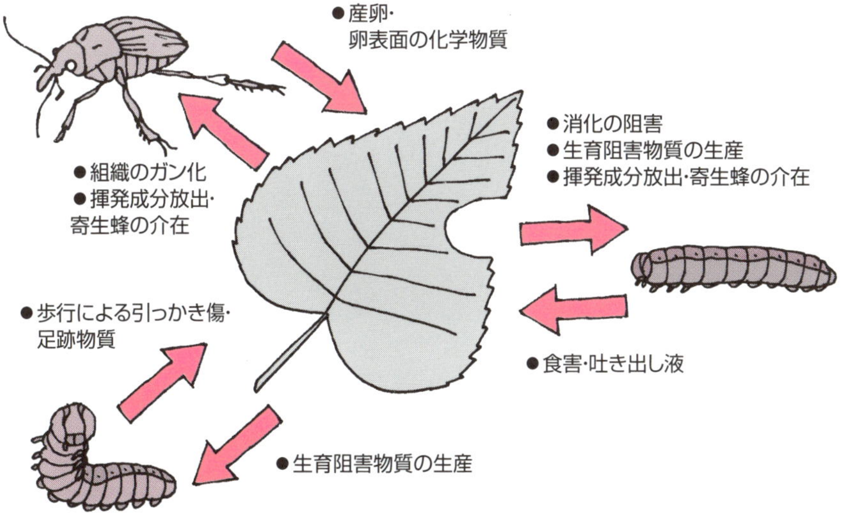
●産卵・
卵表面の化学物質
●組織のガン化
●揮発成分放出・
寄生蜂の介在
●消化の阻害
●生育阻害物質の生産
●揮発成分放出・寄生蜂の介在
●歩行による引っかき傷・
足跡物質
●食害・吐き出し液
●生育阻害物質の生産

植食者による食害に対するダイズの化学的応答

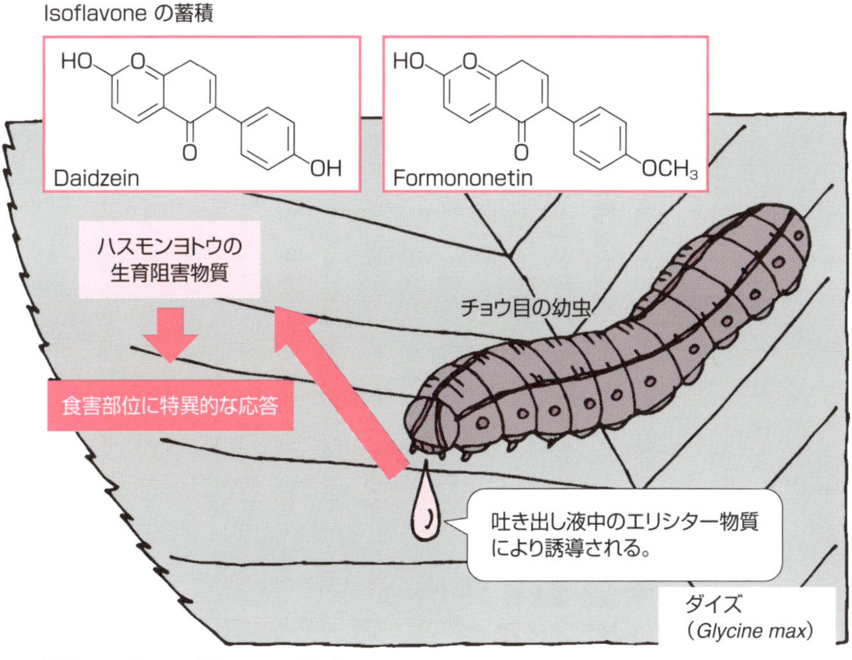
Isoflavone の蓄積
HO
O
O
OH
Daidzein
HO
O
O
OCH3
Formononetin
ハスモンヨトウの
生育阻害物質
食害部位に特異的な応答
チョウ目の幼虫
吐き出し液中のエリシター物質
により誘導される。
ダイズ
(Glycine max)

※1:白亜紀・・・1億4000万年～6500万年前
※2:90億人・・・2050年の世界の人口の予測

35 人工膜で味見したら？

味の数値化

味覚は、舌の味蕾（みらい）にある味覚受容体細胞の生体膜に存在する受容タンパク質が味物質と結合したことで発生する膜電位の変化が、シナプスを介して神経細胞に伝達されることで脳に送られ情報処理された結果、基本五味である甘味、塩味、酸味、うま味、苦味や、渋味、辛味として感じられると言われています。

〝プリンと醤油でウニの味がする〟で有名な九州大学の都甲潔先生は、生体膜を模した人工の脂質膜（41参照）を電極に貼り付け、味成分の溶液に浸した時に起こる膜電位変化で味を感知する、「人工の舌」ともいうべき味覚センサを開発しました。脂質の種類を変えることで、甘味、塩味、酸味、うま味、苦味に特異的かつ選択的に応答するセンサ膜を作り、それぞれの電位変化のパターンを数値化することによって、どんな味がするのかを知ることができます。

味を生じる物質は膨大であり個々の物質を分析することは不可能に近いのですが、人間が味として感じるカテゴリーは7種です。都甲先生が開発したセンサは、味覚物質ではなく味そのものを数値化しようとするものなのです。様々な味覚物質は味覚細胞の生体膜と静電的な相互作用や疎水的な相互作用によって吸着することで細胞膜の膜電位は変化します。まず始めに味覚細胞の膜電位の変化がおこり、味を感じることになるのです。それぞれの味覚成分と特異的に相互作用する性質の異なる人工脂質分子をポリ塩化ビニルとブレンドしたフィルムとして固定化し、膜の外側に味物質が吸着することで生じる膜電位の変化を測定しました。センサ電極の膜電位変化は、似た味を呈（てい）する化学物質に対して類似の応答を示します。各々のセンサ電極の出力は酸味や旨味などの味覚項目として数値化され、種々の食品の味の特徴を示すレーダーチャートとして表示されます。

要点BOX
- ●物質ではなく味の数値化に着目
- ●膜電位の変化に注目
- ●生体膜の模倣と固定化がカギ

味覚センサの測定原理

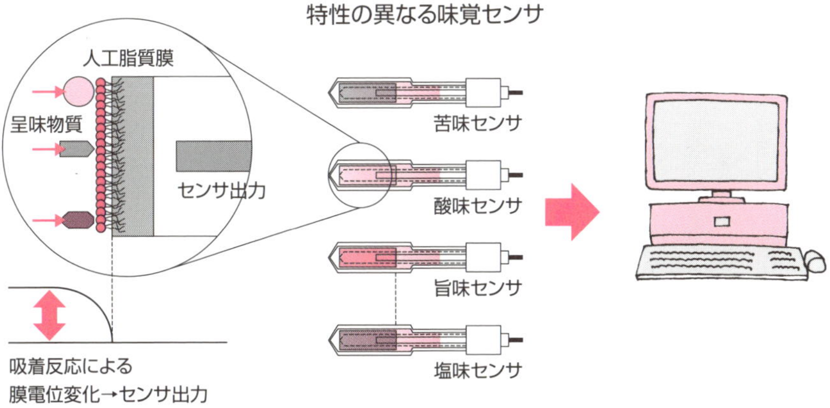
特性の異なる味覚センサ
人工脂質膜
呈味物質
センサ出力
吸着反応による
膜電位変化→センサ出力
苦味センサ
酸味センサ
旨味センサ
塩味センサ

味覚センサの応答パターン例

酸味の場合

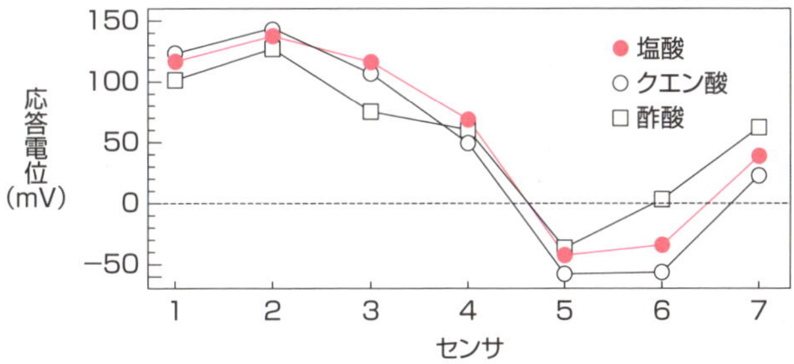
150
100
50
0
−50
応答電位(mV)
1
2
3
4
5
6
7
センサ
● 塩酸
○ クエン酸
□ 酢酸

うま味の場合

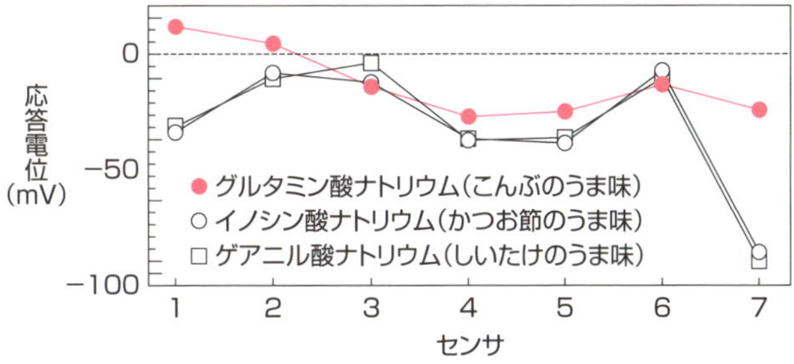
0
−50
−100
応答電位(mV)
1
2
3
4
5
6
7
センサ
● グルタミン酸ナトリウム(こんぶのうま味)
○ イノシン酸ナトリウム(かつお節のうま味)
□ グアニル酸ナトリウム(しいたけのうま味)

出典:「味認識装置『味覚センサー』開発物語」
(JSTニュースvol.4/No.5 2007年8月号)

Column③

ミミクリーのミメティクス
―昆虫の擬態の巧妙さ

　昆虫は外敵から身を守り、自分の子孫を効率よく残すために様々な工夫をこらしています。一見自発的に自分の外見を変えているように見えますが、自発的に変える能力があるのかは確かめられていません。様々な変異の中から生存に適した方向に変化したものが生き残り、繁殖を繰り返した結果、そのような方向が選ばれたように見える、と理解されています。

　昆虫が他のものに似る現象を「擬態（ぎたい）」といいます。擬態は英語で〝mimicry（ミミクリー）〟と呼ばれます。昆虫の擬態には、その種がふだん住んでいる環境に似る場合と、外敵に攻撃されることのない有害な生物に似る場合の2通りがあります。前者の例としては枯葉に似るチョウやガがいます。後者の例としては、スズメバチに体型や模様が似るガやアブなどがいます。

　環境に似る例として、透き通った翅を持つセミやトンボ、中南米のスカシジャノメ（チョウ）などがあげられます。翅の透明部分を通して背景の景色を見せることによって、自分の存在をかくす、いわば透明人間のような術を使っているのです。しかしこれらの透明な翅が、光の角度によってキラリと反射してしまっては術が台無しです。そのため彼らの翅は、反射光を大幅にカットする「モスアイ」構造を持っています（10参照）。

　強い光を当てて被写体を浮き出させるストロボ撮影の際にも、これらの昆虫はほとんど反射がないために、うまく写らない場合がよくあります。写真はツクツクボウシのなかまであるクロイワツクツクをストロボ撮影したところですが、胴体の色は見事に木肌に溶け込んでいるとともに、透明な翅は光を当てているにもかかわらず、反射をおさえて見えにくくなっています。

第4章

生物の構造とメカニズムに学ぶ

36 微風でも滑空できるトンボの翅

断面構造の秘密

飛行機の翼の断面は流線型をしています。タカやトンビも流線型です。でも小さな昆虫、例えばハチやトンボの翅は凸凹しています。なぜでしょうか。トンボの重さは1グラム程度で極めて軽く、翅はミクロンオーダーの極薄で、飛行速度もジェット機より2桁も遅いのです。そんなトンボにとって空中を飛ぶことは、私たちが水中を泳ぐような粘っこさと同じような状態を意味します。ジェット機も、トンボくらい小さくすると全く飛べなくなることはよく知られています。これは、低速では空気の粘性が支配的になり、空気が翼にべったりと張り付き、翼の周囲を空気が綺麗に流れることができなくなるからです。

トンボは昆虫の中でもっとも低速で滑空することができます。そのトンボの翅の断面は、航空機と異なり薄板を凸凹に折り曲げたような形をしています。トンボはこの凸凹を利用して、翅の上面に小さな空気の渦を次々に作り出し、この渦がベルトコンベアにのせるように外側の粘っこい空気を速やかに流していたことがわかったのです。さらに、この断面を持った翅は低速では安定した性能を示すものの、高速になれば性能が低下するという特徴があることもわかりました。高速では流線型、低速では凸凹の翼に可変できれば夢の航空機ができるかもしれません。

微風でも浮力を生み出す凸凹の翅を利用することで、微風でも回転する風力発電機が検討されています。従来の小型風力発電機は風速3ｍほどが必要でしたが、トンボの翅に学んだ直径50㎝程度の小型風力発電機は、風速1ｍでも十分発電することが確かめられています。さらに、風が強くなるほど性能が低下するので、ある風速以上では回転数が上がらず、強風でも減速機が不要な発電機なのです。

そうそう、トンボの飛行速度、1秒当たりの飛行距離を体長で割ると、ジェット機よりも一桁も優れていることをご存知でしたか？

要点BOX
- ●凸凹の表面で安定飛行
- ●風速が低くても発電する風力発電機
- ●風速が高くなると定速運転

トンボの翅はなぜギザギザ??

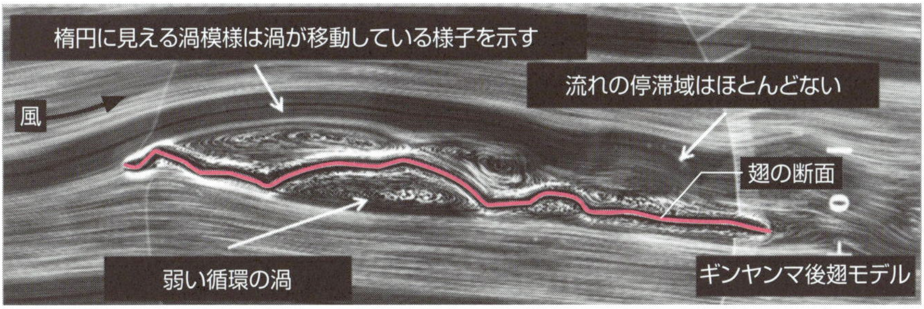
楕円に見える渦模様は渦が移動している様子を示す
風
流れの停滞域はほとんどない
翅の断面
弱い循環の渦
ギンヤンマ後翅モデル

翅の凸凹部で空気の渦ができ、それがボールベアリングの様な役割をしてベルトコンベアに風をのせるように流しています。

レイノルズ数=7000　迎角5度　2種異径異色アルミ浮遊法による可視化

小型風力発電機への応用

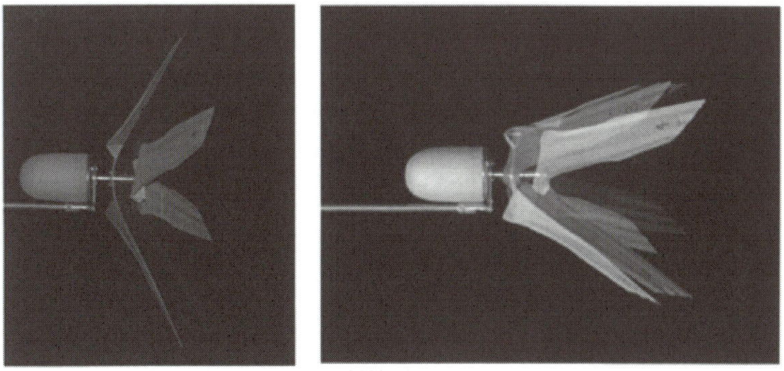

強風下では(写真右)、性能が落ちるため羽根がなびき、定速回転となります。

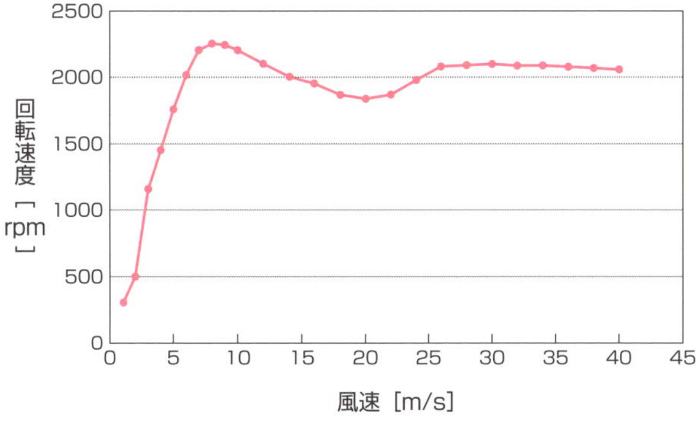
2500
2000
1500
1000
500
0
回転速度［rpm］
0 5 10 15 20 25 30 35 40 45
風速［m/s］

37 羽ばたいて飛べ！昆虫ロボットを作る

ハチやアブ、ハエなど、空を飛ぶ昆虫たちは私たちに身近な存在です。彼らは真っ直ぐ飛んだり急旋回したり、さらには空中に静止することもできます。そのような自由自在な飛行は、全て翅の羽ばたきによって実現しています。一方、同じように空中静止できる人工の機械としては、ヘリコプタや小型マルチコプタがあります。小型マルチコプタは「ドローン」と呼ばれることも多いですが、本来ドローンとは、無線操縦あるいは自律制御の航空機や船舶を幅広く意味する言葉で、小型マルチコプタのみを指す言葉ではありません。さて、ヘリコプタやマルチコプタは翼を回転させて飛行する回転翼機です。昆虫の羽ばたき翼は回転翼と何が違うのでしょうか?

翼の揚力は、空気の流れに対する翼の角度（「迎え角」という）に比例して大きくなります。ところが迎え角が15°くらいを超えると、流れが翼から剥がれて乱れ、揚力が激減します。これを「失速」と言います。揚力は風速の2乗に比例して大きくなるので、回転翼では失速しないように迎え角を小さくし、その代わりに回転数を上げて流速を大きくすることで飛行に十分な揚力を発生するのです。マルチコプタでは1秒間に数十から数百回転も翼が回転します。この高速回転がマルチコプタの難点です。硬い翼が高速で回転するので危険ですし、回転モータの騒音も大きくなってしまいます。

昆虫の羽ばたき翼は迎え角が40度に達するほど大きいので、回転翼のように高速で動かなくても十分大きな揚力が出せます。翅の構造もやわらかいので、もし昆虫のように翼を羽ばたかせて飛行する小型ロボットができれば、より静かで安全な飛行ロボットになるでしょう。これまでの研究では、羽ばたき翼で十分大きな揚力を出すことはできています。現在は翼の運動をさらに複雑にして飛行制御を実現し、安定した自由飛行させることに各国が挑戦しています。

羽ばたき翼と回転翼

要点BOX
- ●既存の回転翼は、小さな迎え角で高速回転
- ●昆虫の翼は、大きな迎え角で低速羽ばたき
- ●柔らかい翼の低速羽ばたきで、安全で静かに

回転翼と羽ばたき翼

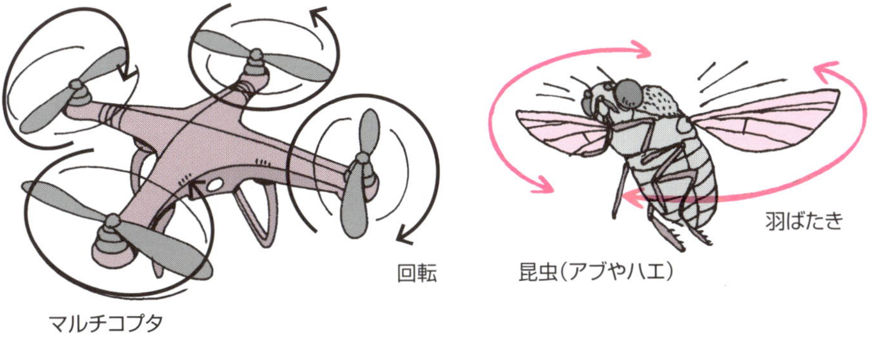
回転
昆虫(アブやハエ)
羽ばたき
マルチコプタ

硬い翼が高速回転

→ あぶない!うるさい!

やわらかい翼が低速羽ばたき

→ 安全!静か!

回転翼の断面

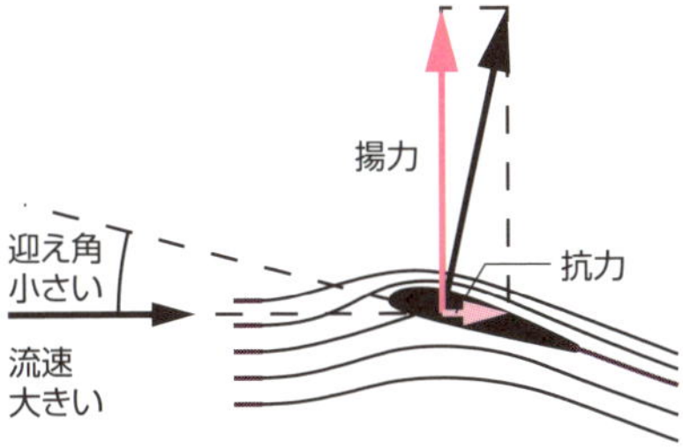
揚力
迎え角
小さい
抗力
流速
大きい

昆虫の羽ばたき翼の断面

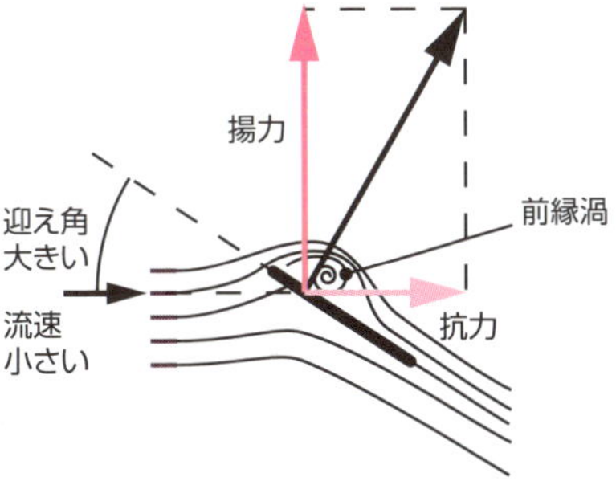
揚力
迎え角
大きい
前縁渦
流速
小さい
抗力

アブ(Eristalis)の翅の構造

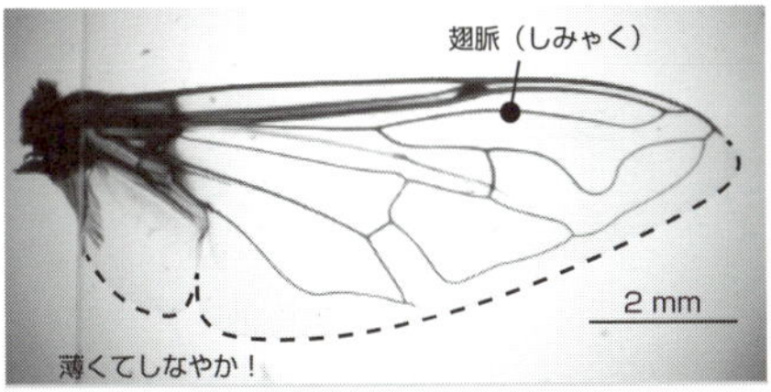
翅脈（しみゃく）
2 mm
薄くてしなやか！

写真提供:田中博人、東京工業大学

羽ばたき機

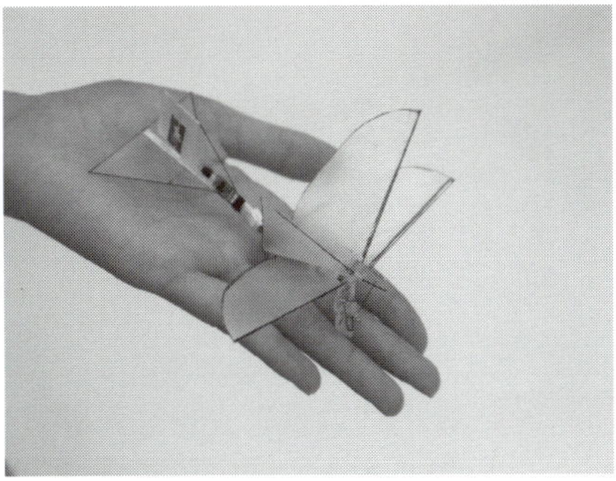

写真提供:劉 浩、千葉大学

38 世界が認める新幹線の秘密

鳥に学ぶ騒音防止対策

新幹線で営業最高速度*300㎞を初めて超えた500系では、2種類の鳥が重要な役割を果たしました。この記録は1997年に登場後、しばらく世界記録でした（鉄車輪方式の鉄道）。その開発は今までにない速度だけに、新たな挑戦でした。

最大の敵は、速度自体でなく騒音でした。速度の上昇で騒音も増加しますが、日本は土地が狭く高速鉄道も宅地部を進むため、騒音制限基準は世界一厳しいのです。

騒音原因の1つは、空気の乱れを引き起こす突起部、つまりパンタグラフでした。もう1つはトンネル入口で猛スピードの新幹線に空気が押され、急激に圧縮されて進んだ後、出口で出す「ドン」という音（紙鉄砲と同じ）です。

フクロウは、聴覚の鋭敏なネズミに気づかれず近づけるほど、羽音がほとんどしません。それは他の鳥と違い、風切羽に小さな突起があるからで（図1）、この突起で小さな渦を作り、大きな渦（大きな音の原因）の発生を抑えていたのです。パンタグラフでは支柱の作る大きな渦が騒音の原因とわかり、この支柱に細かな凹凸をつけました（図2）。この効果で騒音は30％も減らすことができたのです。

一方、トンネルの狭い空間に列車が高速で入る時の抵抗が空気を圧縮します（図3）。そこで抵抗を減らすよう先端形状に工夫を重ねました。最終的な解はカワセミのくちばしと同じ形で、それもその筈、カワセミは空中から猛スピードで千倍も抵抗の大きい水中に飛び込み、ほとんど水しぶきをあげません。答はくちばしの特殊な細い流線形にあったのです。

日本固有の事情もあり（カーブの多さや極端に少ない平地、省エネや車内スペースなど）、今のN700系新幹線ではそれぞれ別の技術が使われていますが、世界最高記録を打ち立てた歴史に残る新幹線の開発には、2種類の鳥がいかされていたのです。

要点BOX
- ●小さな渦で大きな渦を消す
- ●高速進入時の抵抗を減らして、騒音を消す
- ●高速鉄道開発は、騒音や空気との戦い

図1　フクロウの風切羽

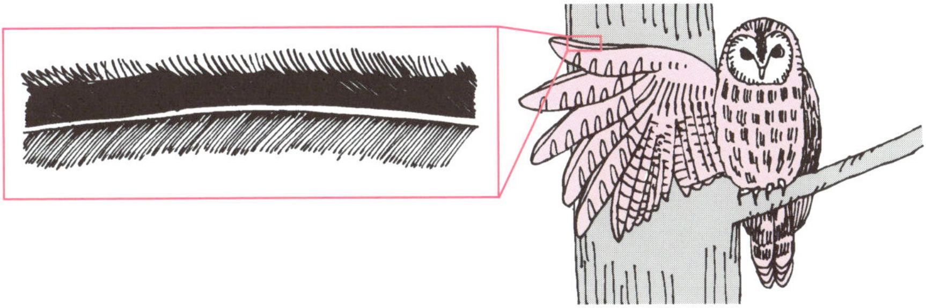

図2　新幹線のパンタグラフの支柱に入った凹凸の効果

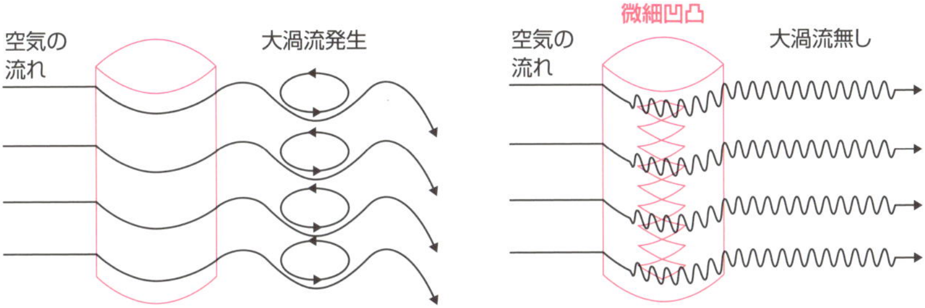
空気の流れ
大渦流発生
微細凹凸
空気の流れ
大渦流無し

図3　トンネルでの騒音の原因

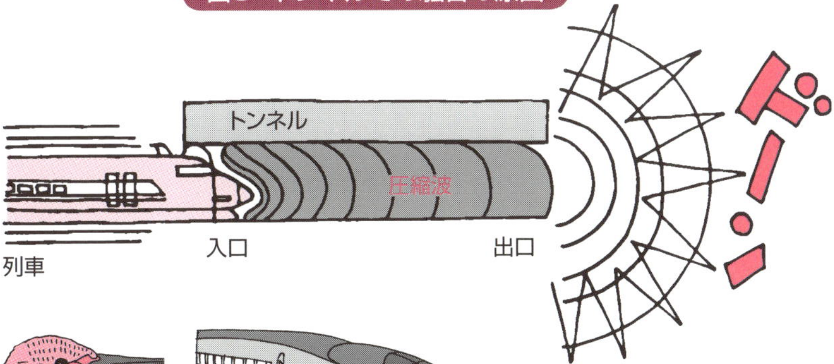
トンネル
圧縮波
列車
入口
出口
ドーン

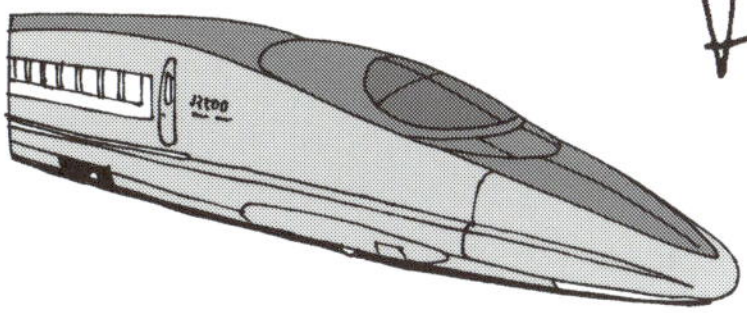

＊営業最高速度:記録のためでなく通常運転時の記録速度。

39 ゴカイの遊泳制御メカニズム

前後左右、自在に進める機構

ゴカイは長細くて凸凹しているので、気持ち悪いと思っている方も多いかもしれません。ですが、海の中の廃物を食べてくれ、魚の食べ物にもなるので、環境・生態系の維持にとても大切な存在です。ゴカイの中には、一生の最後の夜にだけ活発に泳ぐものがいます。何のためかというと、生殖のための行動です。その泳ぎは線虫のように体を波のようにくねらせているのですが、その波の進む方向が線虫と違います。線虫やヘビのような体がなめらかな生物は、体の波の進む方向と逆の方向に泳ぎますが、ゴカイは体の波の進む方向と同じ方向に泳ぎます。泳いでいる時の水から受ける抵抗について考えてみましょう。線虫のように体がなめらかな場合、水は体の接線方向にスムースに流れるので、その方向の抵抗は垂直方向よりも小さくなります。しかし、ゴカイのように体が凸凹していると、水は体の接線方向に流れにくく、その方向の抵抗は垂直方向よりも大きくなります。

この抵抗の大小の違いが泳ぐ方向の違いになるのです。それでは、突起物を斜めにすれば、抵抗の大小が体の左右で異なり、前後には泳がないのではないか？そんな疑問から発想を得て、全方向遊泳ロボットを開発しました。突起物に相当するフィンを用意し、その角度を変化させて全方向に泳げます。

ヘビ型ロボットに代表される長細いロボットは、管の中やがれき、水環境で移動するレスキューロボットなどへの適用がされています。その長細さのために遊泳時の方向転換は不得意ですが、この機構で機動性の向上が期待されます。実は、最後の夜に泳ぐゴカイは生殖変態といってその突起物（イボ足）が大きくなり、積極的に動きます。今、それらの動きも取り入れたロボットも開発中です。

一生の最後に懸命に泳ぐゴカイの姿にアイディアをいただきました。気持ち悪く釣りえさだけに有益なんだというゴカイ（誤解）もなくなったでしょう。

要点BOX
- ●抵抗力の接線方向と法線方向のバランスが違う
- ●そのバランスを体の左右に異なるようにすれば、どの方向にも泳げる

線虫とゴカイの泳ぎ

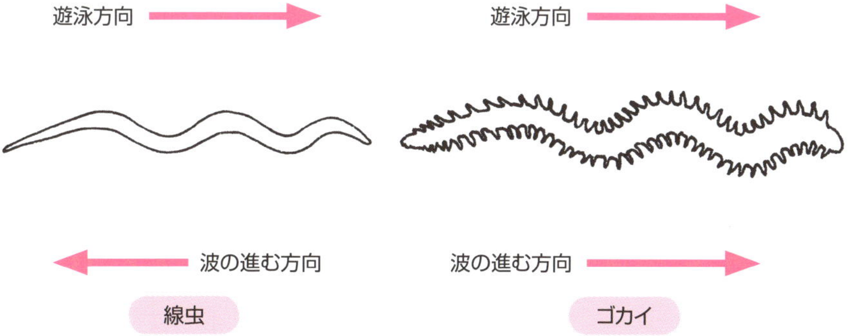
遊泳方向
遊泳方向
波の進む方向
波の進む方向
線虫
ゴカイ

水から受ける接線方向と法線方向の抵抗力の違い

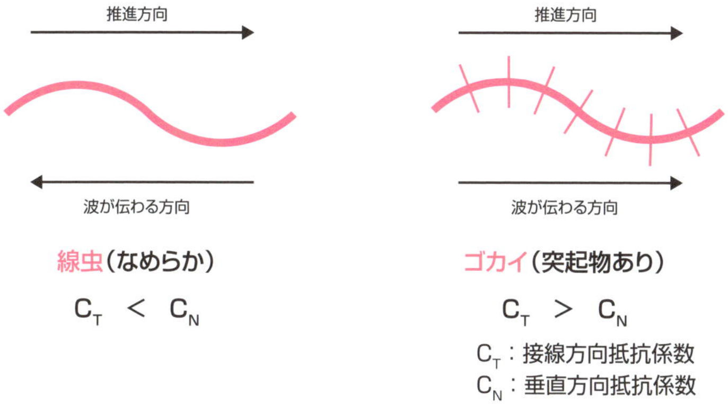
推進方向
推進方向
波が伝わる方向
波が伝わる方向
線虫（なめらか）
$C_T < C_N$
ゴカイ（突起物あり）
$C_T > C_N$
C_T：接線方向抵抗係数
C_N：垂直方向抵抗係数

全方向遊泳ロボット

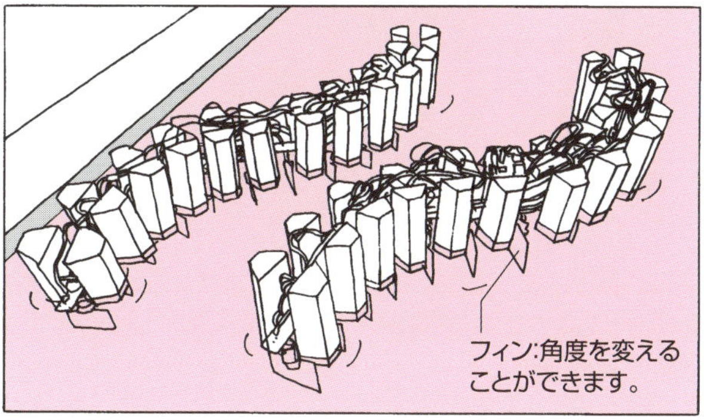
フィン:角度を変える
ことができます。

40 動物の動きは次世代ロボット技術のヒントが満載！

ドイツのロボット会社の取り組み

動物ロボットで連想するのが、ソニーのロボット犬「ＡＩＢＯ」ですが、ドイツのＦｅｓｔｏ社は、生物の動きからヒントを得て工場で働くロボットの研究で成果をあげています。例えば、ロボットが物をつかむために、はじめはカラスのくちばしからヒントを得ていましたが、もっとしなやかな動きを実現するために、ゾウの複雑で器用な鼻先の動きを研究し、ロボットアームの開発に成功しています。ゾウの鼻には骨がなく、筋肉で動きが制御されています。開発されたロボットアームは、柔軟で弾力性のある蛇腹構造を持っています。柔軟な構造を実現するためにナイロンを用い、また、アームが人との接触したときを考えて、安全な設計がなされています。ゾウの筋肉の代わりに空気圧で動きを制御し、必要なときにはアームに剛性を持たせることもできます。また、カメレオンは舌先で虫を上手にとることができます。ここからヒントを得たアームも開発されています。このアームの先端は柔らかなシリコン素材でできているため、複雑な部品をつかむことができます。

従来、研究者は一匹の生物の動きに着目してきました。最近では、動物や昆虫が群れで動く行動をロボットに組み込むことも研究されています。例えば、アリは一匹で餌を運ぶこともできますが、大きな餌は集団で運ぶという共同作業を行います。そこで、一匹のロボットアリを作るだけでなく、複数のロボットアリが相互通信して共同作業するネットワーク型のロボットアリが開発されています。また、チョウが集団で飛んでもぶつからないような行動を模倣して、ロボットチョウの集団飛行システムも開発されています。このようなネットワーク型ロボットの技術は、工場でのロボットの共同作業や衝突防止などの産業応用に役立つと考えられています。ドイツは、工場間をネットワークした工場生産システムを目指し、生態系からヒントを得た技術を利用しようとしています。

要点BOX
- ●動物や昆虫の動きを解析
- ●安全性の配慮
- ●生態系を模倣するロボット

動物の動きを取り入れた次世代ロボット

カラスのくちばしの動きを解析して、ロボットアームを開発しました。そして、動物の物をつかむ機能を模倣する研究が行われるようになりました。

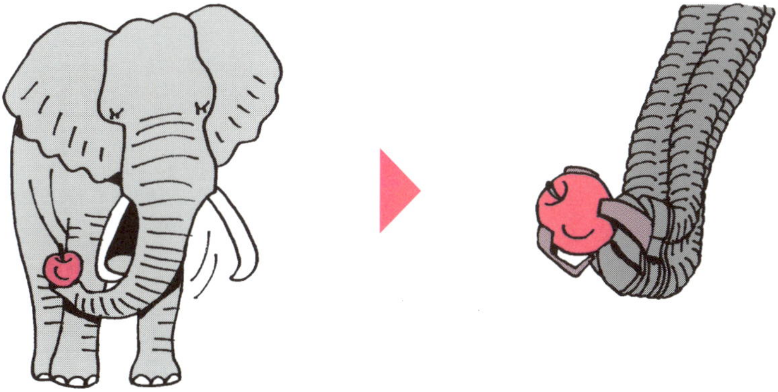

ゾウの鼻の動きを、ロボットで再現しました。リンゴも簡単につかめます。筋肉の代わりに、圧縮空気でロボットアームが動きます。

アリが大きな餌を協力して運ぶように、将来のロボットはロボット間で通信して仕事をするようになります。

41 分子の自己集合がもたらす基本構造

二分子膜の材料化

生物の基本構造は細胞です。細胞は細胞膜によって外界と隔てられています。SingerとNicolson両氏が提唱した流動モザイクモデルによると、細胞膜は脂質とタンパク質や糖鎖などの生体高分子によって構成されており、基本となる構造は脂質が形成する二分子膜です。二分子膜はリン脂質が水中で自発的に集合して形成される厚さ数nmの2次元超薄膜です。リン脂質は、グリセリンと脂肪酸の二鎖型エステルを疎水性骨格とし、リン酸エステルを親水性部とする両親媒性化合物です。両親媒性とは、水にも馴染むし油にも馴染む、ということであり、水の中では疎水鎖を内側に親水性部を外側に向けたペアが2次元に配列した二分子膜構造を形成するのです。

１９７０年代半ばまで、このような二分子膜の形成は生体系に固有の現象だと考えられていました。我が国におけるバイオミメティクス研究の草分けである国武豊喜先生（九州大学名誉教授）らは、リン脂質の化学構造を単純化した人工の両親媒性化合物であるジアルキルアンモニウム塩と呼ばれる化合物が生体膜と同じ二分子膜構造を形成することを見出しました。この化合物は、水に馴染むアンモニウム塩と油に馴染む2本の長鎖アルキル基を有しており、リン脂質の構造的特徴を一般化したものだと言えます。

ジアルキルアンモニウム塩は、正電荷を有する窒素原子を持っています。ジアルキルアンモニウム塩二分子膜の水溶液と反対電荷を持つ高分子電解質であるポリスチレンスルホン酸の水溶液を混ぜると、瞬時にポリイオンコンプレックスという白い沈殿が生じます。ポリイオンコンプレックスをクロロフォルムなどの有機溶媒に溶かしキャスト法によって製膜すると自己支持性のフィルムが得られます。フィルム内においても二分子膜構造は維持されており、材料として取り扱うことが可能です。固定化二分子膜は、臨床検査用イオンセンサや味覚センサとして使われています。

要点BOX
- ●生体膜の本質は両親媒性分子の自己集合
- ●構造の単純化が応用を広げる
- ●固定化二分子膜は高分子材料

生体膜(a)、リン脂質(b)、ならびに合成脂質(c)の構造

(a)生体膜の構造

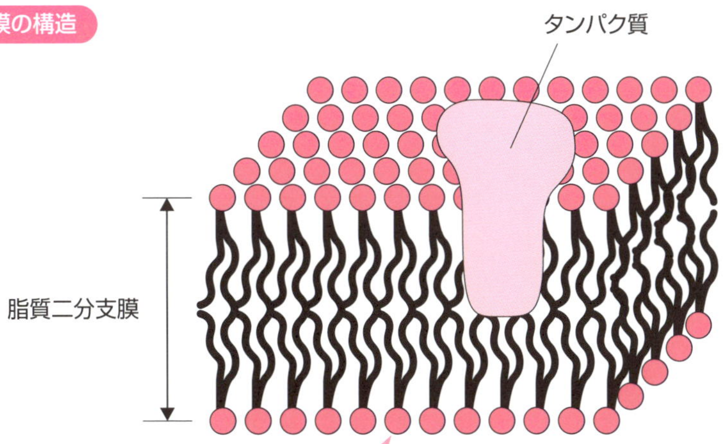
タンパク質
脂質二分支膜

(b)リン脂質

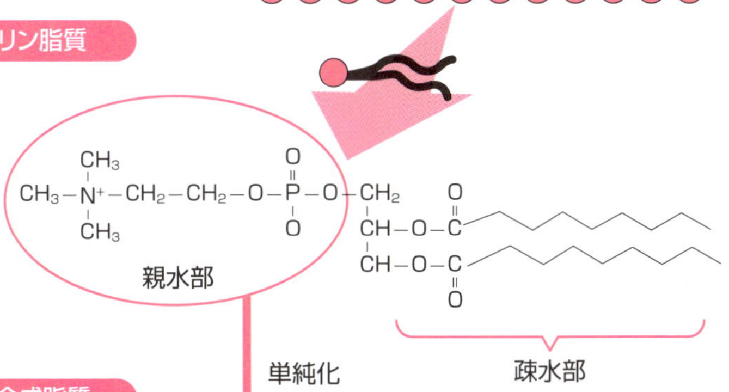
CH3
CH3–N+–CH2–CH2–O–P–O–CH2
CH3
O
O
CH–O–C
CH–O–C
O
O
親水部
疎水部
単純化

(c)合成脂質

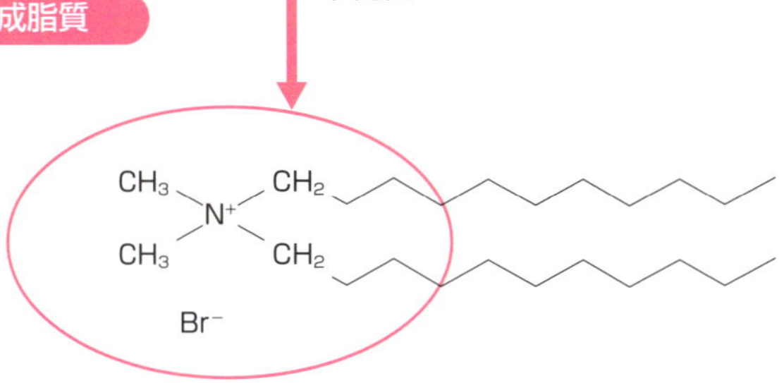
CH3
CH2
N+
CH3
CH2
Br−

42 幹細胞分化をコントロールする力学場

機械的環境の模倣

私たちの身体は約二百種類、数十兆個の細胞が集まってできていますが、細胞だけでできあがっているわけではありません。細胞の外側には、細胞が生きていくのに必要な環境を整える細胞外マトリックスという、コラーゲンなどのタンパク質からなる構造もあります。その中で細胞たちはまわりから栄養分や酸素をもらい老廃物を捨て、いろいろな種類の細胞が個別の役割を果たしつつ暮らしています。

十分に成長した身体の各所では、細胞たちの多くはそれぞれ異なる仕事を行うために専門化した細胞として、互いに協力し合いながら機能的な組織を形作っています。これらの細胞は、もともとは幹細胞と呼ばれる大元の細胞から分かれて増えてきたものです。これを細胞の分化といいます。細胞の分化現象は、細胞の性質を変える作用のある様々なタンパク質などの分子が細胞に働きかけることで起こると考えられてきました。それらの分子は細胞自体によって分泌され、細胞周囲の体液中に溶けこみ拡散して細胞に作用します。しかし近年、細胞の分化を誘導する要因としてそれら以外に、細胞が接触し接着しているまわりの環境の機械的な性質も重要な影響を持っていることが明らかとなってきています。

例えば、大人の身体にも存在する幹細胞の一種である間葉系幹細胞は、脳のような軟らかい環境に置かれると神経の細胞に変わり、筋肉の硬さに近い環境で筋肉の細胞へと変化します。もっと硬い環境では骨の細胞になるという不思議な挙動を示すことがわかってきました。まるで周りの色に合わせて体色を変えるカメレオンのようです。この振る舞いは、身体の中での幹細胞の性質や変化に、細胞のまわりの環境の硬さ・軟らかさといった要因が深く関わっていることを意味しています。細胞のまわりの機械的環境を模倣することで細胞を自在に操作し、医療技術へ応用するというアプローチも広がってきています。

要点BOX

- 細胞は周囲の環境の機械力学的特性を検出
- 幹細胞は周りの硬さに合わせて違う細胞になる
- 細胞を操作するときまわりの硬さの模倣は重要

幹細胞は様々な機能や組織に分化する

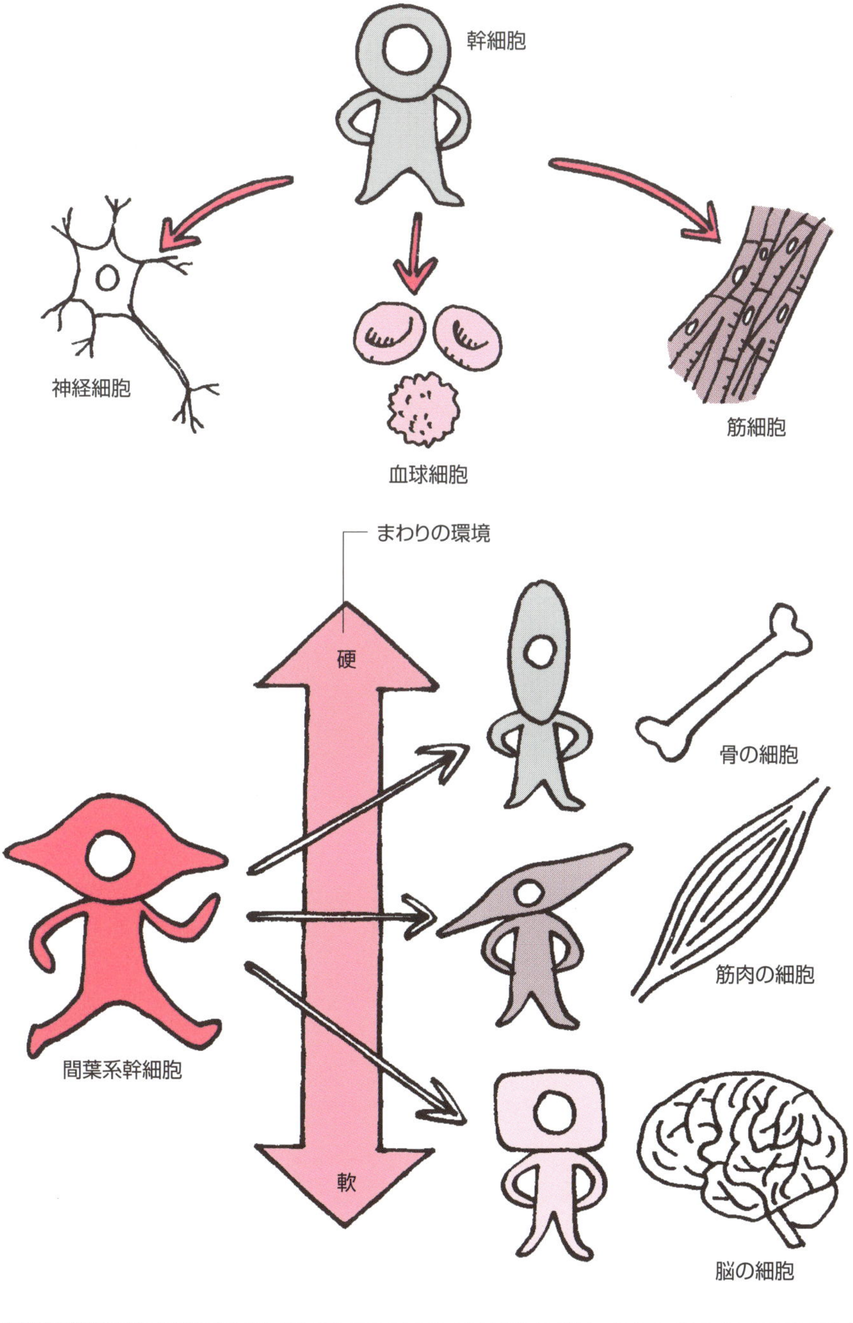

幹細胞
神経細胞
血球細胞
筋細胞
まわりの環境
硬
軟
間葉系幹細胞
骨の細胞
筋肉の細胞
脳の細胞

43 滑らかに動く関節の構造

超低摩擦な関節軟骨

例えば、椅子から立ち上がるとき、関節がギシギシしますか？　たいていは関節の動きは滑らかで、何も違和感を覚えないでしょう。なぜ滑らかに動けるかというと、関節のつくりに秘密があります。

関節は関節包と呼ばれる袋の中にあり、中は関節液で満たされています。関節の運動は骨頭上の薄い軟骨の表面でのすべり摩擦です。関節軟骨は多くの水分を含むゲル状態です。おでんのこんにゃくが箸でつかみにくいのと同じで、ゲルは内部の水も潤滑剤としてはたらくので、一般的にゲルは固体に比べて水中での摩擦が低いです。また、軟骨の表面にはピットと呼ばれるくぼみがたくさんあります。ピットはくぼみの中に潤滑液をため込む役割があり、すべり運動をしている軟骨同士が接触することを防ぎます。逆に、軟骨表面に小さなでっぱりがたくさんがあるとどうなるでしょう。接触面積が小さくなるので、摩擦力が小さくなりそうですが、実は摩擦力が大きくなります。これは、潤滑液の排水が容易に進み、液体の潤滑から固体同士が接触する摩擦へ移り変わるためと考えられます。また、凹凸がない場合は、すべり運動をしているうちに潤滑液がだんだん押し出されていき、しまいには軟骨同士が接触するため、摩擦力が大きくなり、軟骨の摩耗の原因になります。

流体潤滑の維持は簡単ではありません。靭帯や腱で押し付けられる高い圧力に対して、潤滑層を維持するためには高い粘度の潤滑液が必要ですが、粘度が高いと運動時の抵抗が大きくなります。水は簡単にかき混ぜられるけど、水あめをかき混ぜるのは大変ですね。関節液はヒアルロン酸により、止まっているときやゆっくり動くときには粘度が高く、速く動くときには粘度が低くなる性質を持っています。この性質をシェアシニングと呼びます。これによっていつでも軽く滑らかに動く関節を保っているわけです。

要点BOX
- ●軟骨は水分を多く含むゲル状物質
- ●関節軟骨表面にはくぼみがたくさんある
- ●関節液は運動速度によって粘度が違う

関節の構造

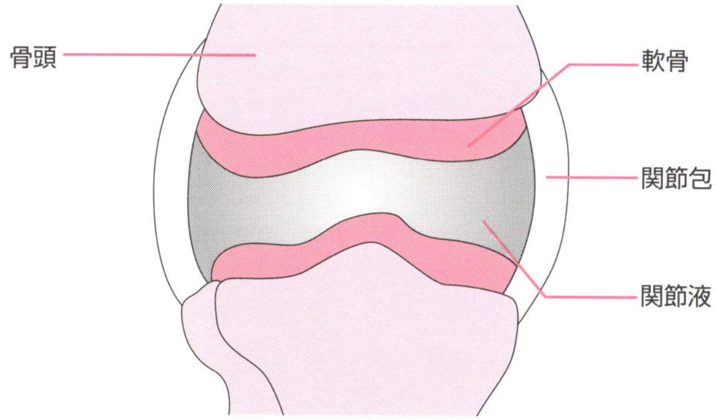
骨頭
軟骨
関節包
関節液

軟骨表面のピット

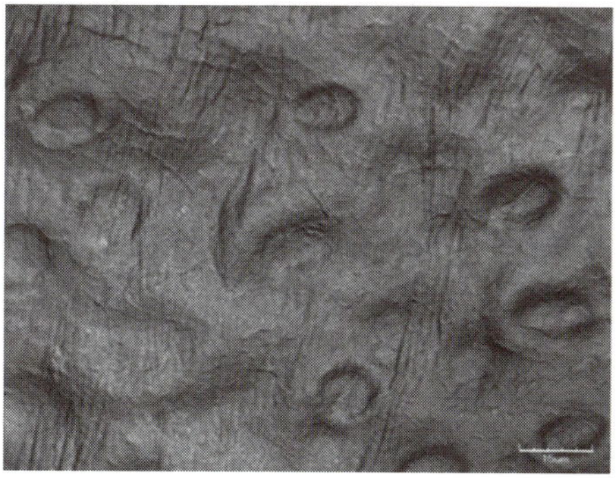

写真提供:北村信人、
北海道大学

シェアシニングの性質

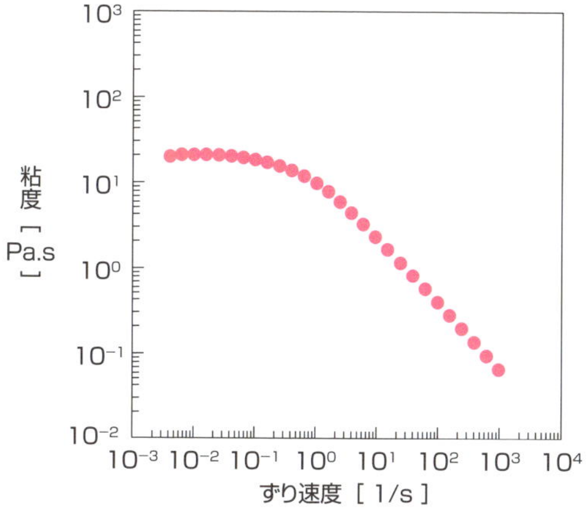
10^3
10^2
10^1
10^0
10^{-1}
10^{-2}
粘度［Pa.s］
10^{-3} 10^{-2} 10^{-1} 10^0 10^1 10^2 10^3 10^4
ずり速度［1/s］

Column④

Fin Ray Effect®
魚の鰭に学ぶ

ドイツの空気圧機器のメーカーであるFesto社は、90年代からバイオニクスの研究開発に着手、2006年からは社内にBionic Learning Networkという大学、研究所、企業からなる異分野連携プロジェクトを創設し生物模倣による技術革新を図っています。2012年のハノーバーメッセでは、Fin Ray Effect®と呼ばれる構造体を使ったグリップを先端に装着した、象の鼻を模したロボットアームを発表しました。fin rayとは魚の鰭（鰭条）のことで、エイやヒラメの鰭の柔軟な運動性にヒントを得た簡単な構造体で、様々な表面形状に沿って変形することができるので、ロボットアームのグリップや掃除用のモップなどに応用されています。

紙を使った簡単な工作で作ることができます。試してみませんか？

Fin Ray Effect® は、EvoLogics GmbH社の登録商標です。

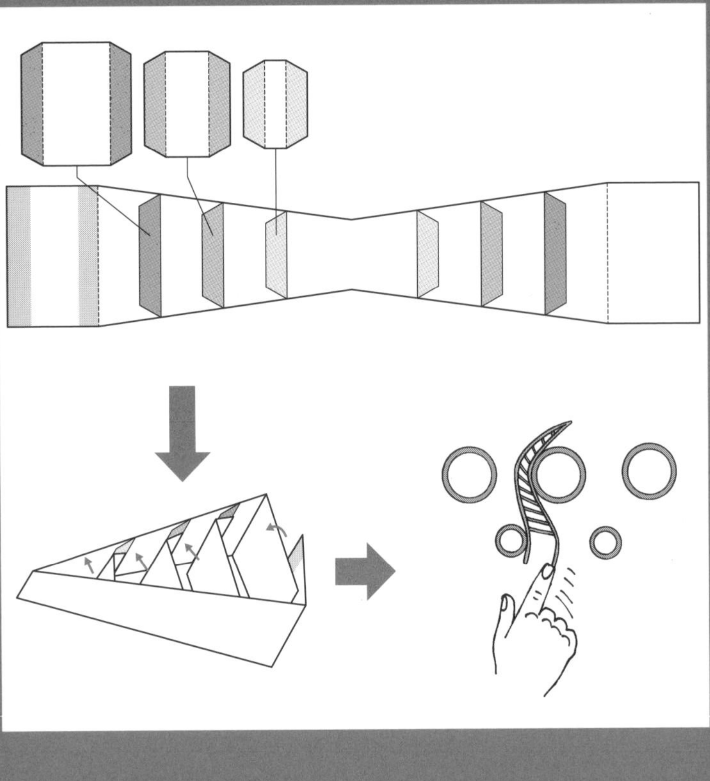

第5章
生物の設計とものつくりに学ぶ

44 人間のものつくりと生物のものつくり

進化適応に学ぶものつくりとは？

英国のJ.Vincent（ビンセント）先生は、TRIZと呼ばれる問題解決法を用いて、どのような問題解決〝因子〟がものつくりに使われているかを解析し、生物と人間の技術を比較しました。その結果、生物は「情報」や「空間」、「構造」などの〝因子〟を有効に利用しているのに対し、人間は「エネルギー」や「物質」などの〝因子〟に依存していることが判りました。つまり、生物は主として炭素や酸素、窒素を使って核酸やタンパク質のように「情報」を持つ分子を作り、それらの分子は集合して細胞や組織などの「構造」や「空間」を形成します。そのためには「時間」という〝因子〟も必要です。一方、人間は、希少元素とされる「物質」なども使い、多量の「エネルギー」を必要とする工程を駆使し、極めて短時間でものをつくることができます。

生物のものつくり過程は、遺伝子によってプログラムされた複雑な化学反応の組み合わせです。脂質やタンパク質などが自発的に集まって生体膜やオルガネラと呼ばれる細胞内小器官などの分子集合体となり、組織化されて細胞となります。さらに細胞は集合して神経や筋肉のような組織となり臓器などの器官を構築し、生物個体となります。つまり生物は分子から生体にいたる階層的な構造なのです。

また、生物の表面構造の多くは、細胞の分泌物や細胞の抜け殻です。どのタイミングで分泌物を細胞外に出すかは遺伝子にプログラムされているものの、一旦細胞から分泌された物質が構造を形成するプロセスは、例えば液晶分子が自発的にナノ・マイクロ構造を形成するように、その時の環境に決定される物理化学に支配されています。つまり生物は、細胞内のような生物学的条件下だけでなく、非生物学的な外部環境下においても、分子集合や自己組織化などの自発的プロセスを有効に利用してものつくりをしているのです。

要点BOX
- ●生物は階層的な構造をしている
- ●生物は情報や構造を利用している
- ●時間はかかるが、省エネルギーで省資源

Vincent教授による生物と人間の技術の比較

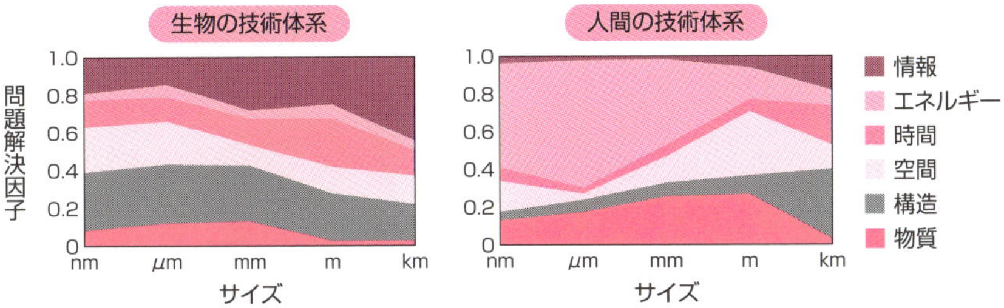

生物の技術体系
人間の技術体系
問題解決因子
1.0
0.8
0.6
0.4
0.2
0
nm
μm
mm
m
km
サイズ
情報
エネルギー
時間
空間
構造
物質

生物の階層構造ー分子から生体へ

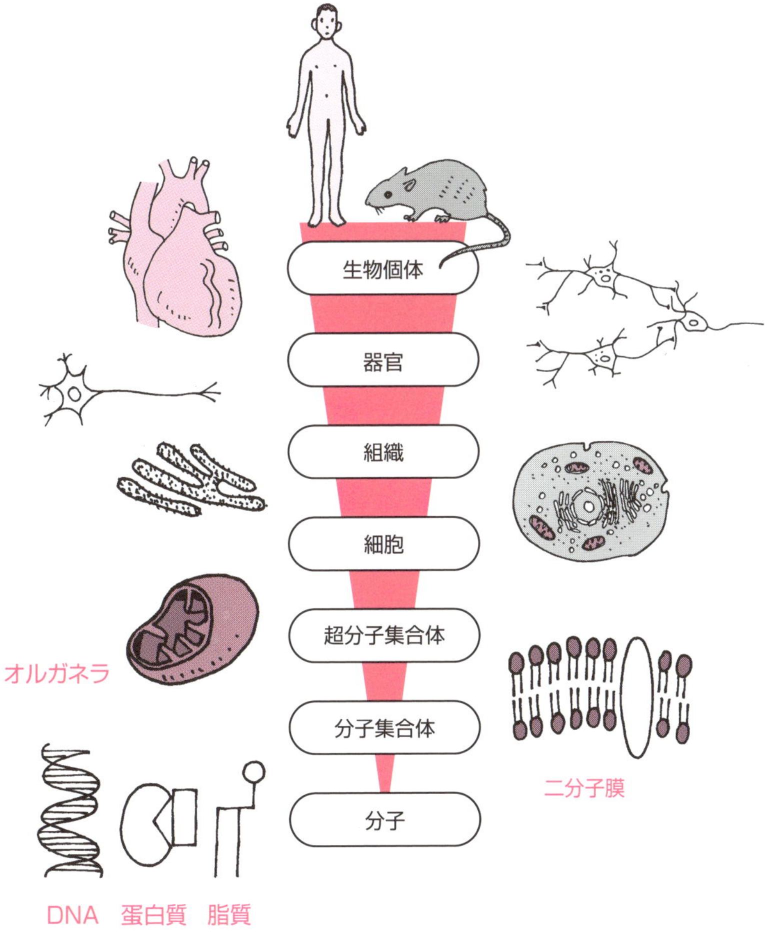

生物個体
器官
組織
細胞
超分子集合体
分子集合体
分子
オルガネラ
二分子膜
DNA
蛋白質
脂質

45 自己組織化って何？

生物のものつくりの本質

「自己組織化」という言葉は、フラクタルやカオスなどの複雑系現象のような自然科学だけでなく、社会一般でも広く用いられています。非平衡熱力学の確立でノーベル化学賞を受賞したIlya Prigogine（イリヤ・プリゴジン）先生は、物質やエネルギーの絶え間ない出入りがある非平衡開放系で混沌とした無秩序から自発的に形成された秩序構造が「自己組織化」(self-organization)であり、〝散逸構造〟(dissipative structure）と命名し、結晶のような平衡系で形成される秩序構造を「自己集合」（self-assembly）として両者を区別しています。

難しい名前の〝散逸構造〟は、私たちの身の回りで日常的に見られます。熱い味噌汁に浮かび上がる渦模様（ベナール対流）、ワイングラスの淵に付着するしずく（フィンガリング・インスタビリティ）、飲み忘れたコーヒーカップに残る同心円状の滲み（スティックスリップ・モーション）や、季節風によって生じる渦状の雲（カルマン渦）など、物質やスケールに依存しないパターン形成なのです。

生物もまた、物質やエネルギーの絶え間ない出入りがある非平衡開放系で形作られるものの典型であるとともに、多様性と個性を併せ持っています。それ故に、遺伝情報だけでは決定されない構造があるのです。例えば、熱帯魚の模様などチューリング・パターンと呼ばれる構造は、遺伝子によって完全に記述されるものではありません。チューリング構造は、活性因子と抑制因子が関与する反応拡散系において形成される時間的・空間的な周期構造であり、環境の影響を受けて自発的に組織やパターンが形成される現象なのです。田んぼのひび割れや砂丘の風紋などの非生命現象もチューリング・パターンです。大阪大学の近藤滋先生の近著「波紋と螺旋とフィボナッチ：数理の眼鏡でみえてくる生命の形の神秘」に詳しいので、ご一読を。

要点BOX
- ●自己組織化はナノテクノロジーでも注目
- ●自己組織化は非平衡解放系
- ●DNAだけじゃない、生物のものつくり

身の回りの散逸構造

味噌汁中のベナール対流

ワインの涙

コーヒーの染み

生物の自己組織化　チューリング・パターン

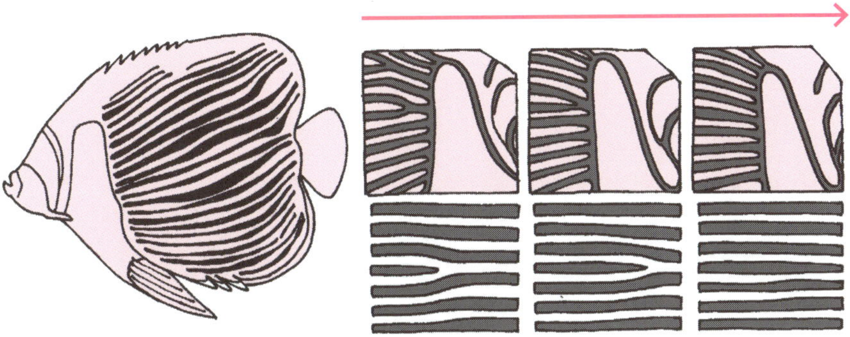

熱帯魚の縞模様

ロマネスコはフィボナッチ?

46 自己組織化が創る多機能性

セミの翅にもモスアイ構造？

かねてより国立科学博物館の昆虫学者である野村周平先生は、透明な翅を持つセミの写真撮影が難しいことから、セミの翅の無反射性を指摘していました。北海道大学名誉教授の下澤楯夫先生は、透明な翅を持つエゾハルゼミの翅表面が、直径100㎚、高さ250㎚程のナノパイルで覆われていることを見出しました。可視光の波長よりも小さなナノパイルが配列した構造は、ガの複眼表面にもあり〝モスアイ構造〟と呼ばれ、無反射性を示すことは10で紹介しました。ガの眼が黒いのは、光が反射せずに効率良く眼の内部に入るからなのです。だから、ガは夜でも飛翔でき、天敵である鳥にも見つかりづらいのです。エゾハルゼミの場合も、無反射性の翅が下地の木肌を透して見せることで見つかりづらくしているようです。保護色の翅を持ったアブラゼミとは違うカモフラージュ戦略ですね。

ところが、アブラゼミの不透明な翅の表面にもナノパイル構造があるのです。微細な表面凸凹構造は撥水性を増強します。名古屋工業大学の石井大祐先生は、アブラゼミの翅の水滴の接触角を測定し超撥水性であることを見出しました。陸棲の昆虫にとっては、眼や翅が雨や夜露に濡れることは危険なのです。

セミやカメムシは、後翅の飛翔筋が退化しており、〝半翅目〟と呼ばれます。前翅の後縁と後翅の前縁には連結部位があり、飛翔時には前胸の飛翔筋が2枚の翅を駆動します。後翅の前縁にある湾曲した鉤が前翅の後縁にある長い溝に引っ掛かっており、後翅の鉤は前翅の溝に沿ってカーテンレールのフックのように動きます。下澤先生は、摺動部である溝の表面がナノパイルで覆われていることを見出しました。微細な凸凹構造は、鉤と溝の実効接触面積を小さくし、摺動摩擦が低減されるのです。〝ムシも登れないフィルム〟と同じ原理です（17参照）。

要点BOX
- ●自己組織化がつくる表面は多機能
- ●無反射、撥水、低摩擦
- ●他にもあるに違いないから生物学者に聞こう！

エゾハルゼミ

翅表面の電子顕微鏡画像

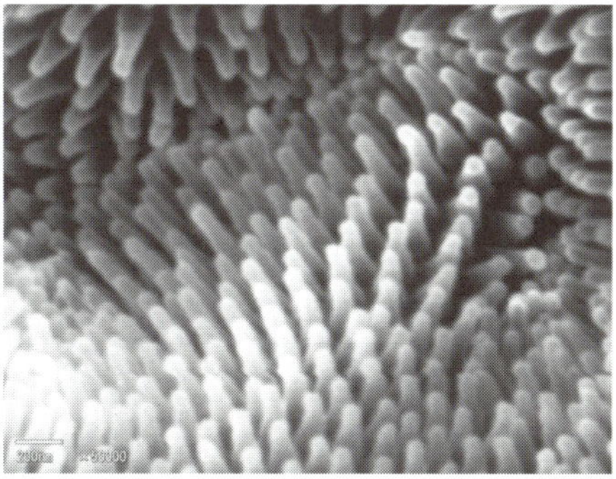

超撥水性

接触角　161 ± 2°

アブラゼミの翅

撮影：針山孝彦、浜松医科大学

47 自己組織化は好い加減さの起源？

セミとガを比べてわかったこと

オオタバコガの複眼とクマゼミの翅が持つモスアイ構造の電子顕微鏡写真を比較してみましょう。どちらも無反射性です。オオタバコガの複眼では、一見、ナノパイルが結晶のように規則的に配列しているように見えるのですが、「結晶粒界」に相当する部分を着色すると「完全結晶」ではないことがわかります。さらに、オオタバコガのモスアイ構造に比較すると、クマゼミのナノパイルの配列に乱れが多いことは一目瞭然です。東京理科大学の吉岡伸也先生は、ナノパイルの配列の乱れが反射防止効果に与える影響を調べるために散乱効率の理論計算を行いました。その結果、クマゼミの翅の光散乱はオオタバコガの複眼のそれに遜色がないほど小さく、配列の乱れがあっても反射防止機能を示すことが予想されました。セミの翅が透明に見える観察結果と矛盾しません。

数学者である北海道大学の久保英夫先生は、配列の乱れと反射率関係を明らかにするために、ボロノイ分割という方法を用いて配列乱れを定量化しました。ナノパイルの配列を点配列と仮定することで、複眼や翅の面をボロノイ多角形に分割します。ナノパイルの配列が規則的である場合には、全てのボロノイセルは同じ大きさの正六角形になり、配列に乱れが含まれている場合には、ボロノイセルには五角形や七角形が含まれ、また、辺の長さ、角度、面積といった量に分布が生じます。「完全に乱れた配列」から「結晶」までの連続的な乱れ度合いを持つ点配列を得るために、調節モデルと呼ばれる点配列のシミュレーションを行なった結果、クマゼミの翅とオオタバコガの複眼のボロノイ多角形面積の標準偏差は小さく、ナノパイルの配列の「結晶」性が高いことがわかりました。これは、反射率の理論計算結果と一致します。

一方、アブラゼミの翅の標準偏差は、それらに比べて大きな値を示しました。アブラゼミは、透明性を必要としていないのです。

要点BOX

- ●好い加減な構造でも優れた機能を発揮
- ●数理科学で整理してみよう
- ●自己組織化は、作り込まないものつくり

オオタバコガのモスアイ

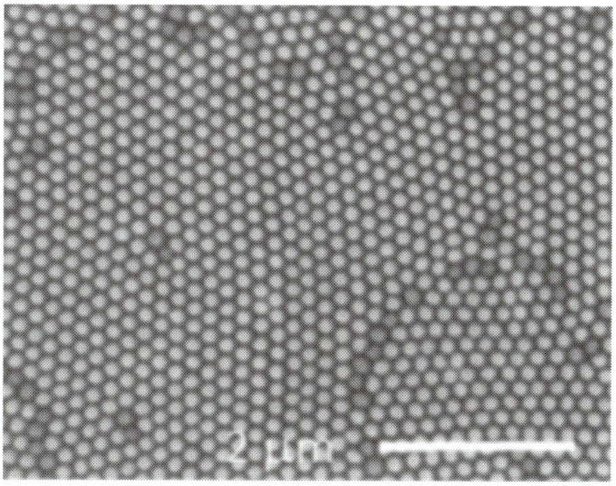
2 μm

クマゼミのモスアイ

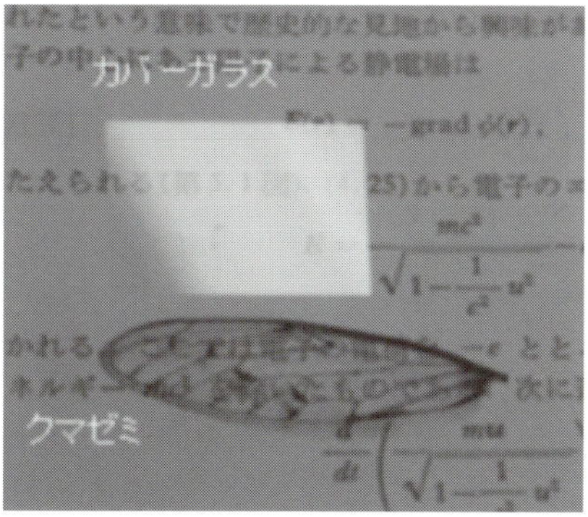
カバーガラス
クマゼミ

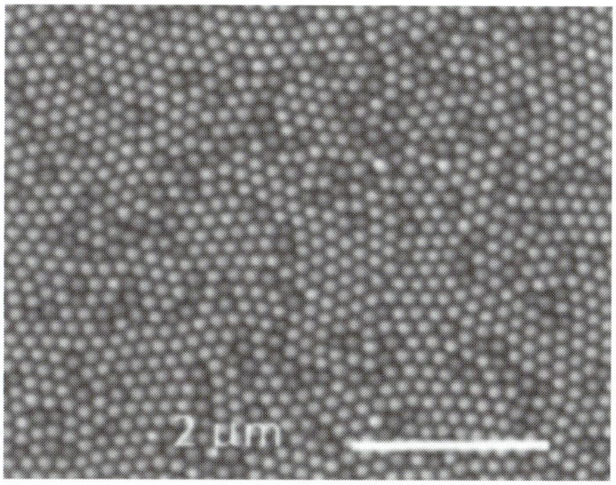
2 μm

ボロノイセル解析による結晶性の比較

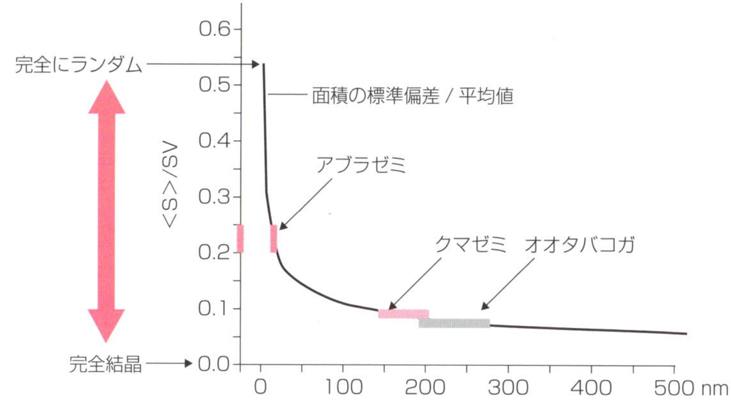
完全にランダム
完全結晶
面積の標準偏差 / 平均値
<S>/SV
アブラゼミ
クマゼミ
オオタバコガ
0.0
0.1
0.2
0.3
0.4
0.5
0.6
0
100
200
300
400
500 nm

48 ナノテクノロジーによるものつくり

厳密に作り込まないボトムアップ方式

ナノパイルが配列したモスアイ構造は自己組織化によって形成されるもので、基本性能として撥水性と低摩擦性を持っています。さらに無反射性をもたらすためには、〝そこそこ〟の配列性は要求されるもの の、〝完全結晶〟である必要はないのです。つまり、〝厳密な作り込み〟をすることなく〝好い加減な構造〟で多様な機能が発現されることを意味しています。

自己組織化によるものつくりという点において、ボトムアップ・ナノテクノロジーとの接点が見えてきました。ナノテクノロジーには、半導体技術に代表される微細化・精密化をナノメートルの極限までを追求するトップダウン方式と、分子や原子を積み上げて大きくするボトムアップ方式があります。とりわけボトムアップ方式を用いたデバイスや材料の量産化には、生物に見られるような「自己組織化」を上手く活用することが重要だとされています。ナノテクノロジーにおける「自己組織化」とは、「分子や原子が勝手に集まって生物のような高度な分子組織体を作り上げること」と理解されています。

バイオミメティクスにおいては、多くの場合、まず、電子線描画やリソグラフィなどトップダウン型ナノテクノロジーによって作製された〝初期モデル〟によって原理確認が行われました。実用化に向けた段階では、効率よくかつ安価に製造することが求められるので、ナノインプリントやマイクロ・コンタクト・プリンティングなどの金型技術による量産化が主流になります。一方、ボトムアップ方式では、結晶成長技術、ブロックコポリマー・リソグラフィなどの自己集合現象の利用、ナノ微粒子の集積や陽極酸化ポーラスアルミナなどの自己組織化現象の利用などがあり、トップダウン方式に比べ大面積化が容易でありプロセスも少ない利点がありますが、厳密な構造設計には不向きです。しかし、バイオミメティクスではその能力を発揮することが期待されます。

要点BOX
- ●トップダウンとボトムアップ
- ●それぞれの利点を見極めたものつくり
- ●化学プロセスと物理プロセスの組み合わせ

ナノインプリント法で作製したモスアイ構造

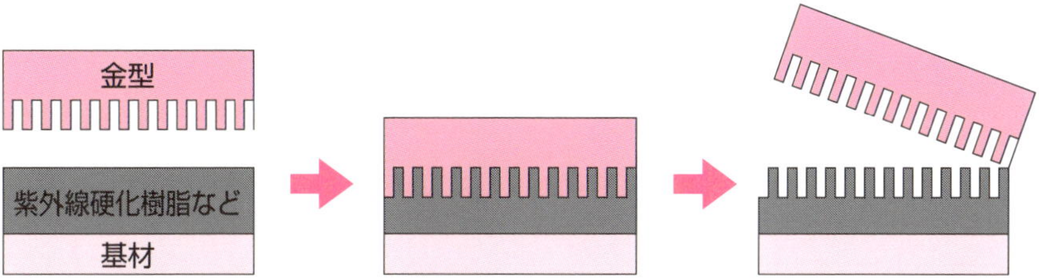
金型
紫外線硬化樹脂など
基材

基材の上に形成された軟らかい状態の材料と金型を接触させる。

紫外線・熱での化学反応や冷却により材料を硬化させる。

材料に金型の凹凸を転写する。

自己組織化によって作製したモスアイ構造

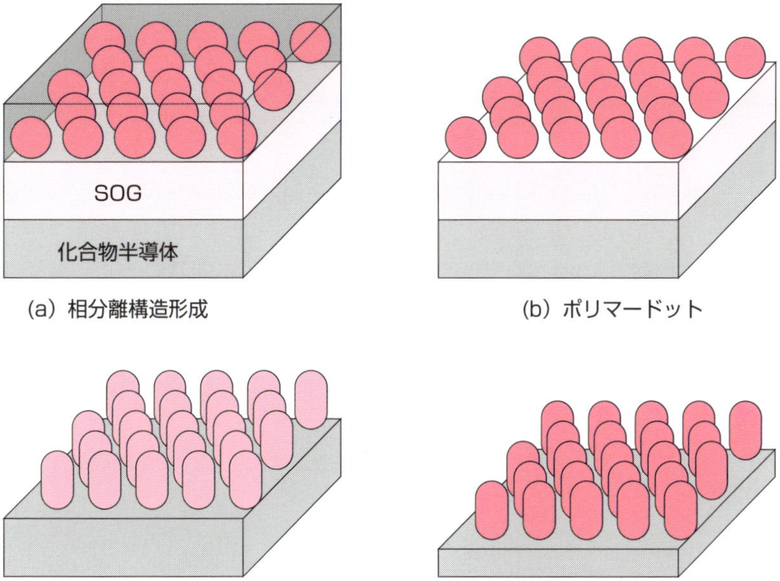
SOG
化合物半導体

(a) 相分離構造形成　(b) ポリマードット

(c) SOG マスク形成　(d) ナノ凹凸構造形成

49 自己組織化によるものつくり

持続可能な社会へのパラダイムシフト

冬の車窓を通して遠くに見える街路灯の光が虹色に散乱するほど結露した水滴は驚くほどサイズが揃い規則的に配列しています。結露水滴が規則的に配列する現象はBreath Figuresと呼ばれており、物理学者の寺田寅彦先生は「呼気像」と訳しています。結露水滴の自発的な配列は液体表面でも起こります。高分子をクロロフォルムのような水と混ざらない有機溶媒に溶かし固体基板の上に塗布して乾燥させると、透明な高分子フィルムの膜が得られます。

溶媒が蒸発するための潜熱を溶液から奪うため、塗布した溶液の表面温度は低下しており、高湿度条件下では周囲の水分子が水滴として溶液表面に結露します。結露水滴の成長とともに水滴径は均一化し、サイズの揃った水滴は自発的に集まって規則的に配列します。サイズの揃ったコロイド粒子の自己集積と同じ「移流集積」と呼ばれる現象で、水滴は「六方最密充填」します。有機溶媒が蒸発すると配列した水滴の層は基板上に固定化されますが、水に不溶の高分子を用いると水滴の規則配列が鋳型となって、水滴の蒸発とともに規則的に細孔が配列した多孔質高分子フィルムが形成されます。配列した空孔によって光が散乱され、フィルムは失透しますが、透過光は虹色に散乱します。

この多孔質構造フィルムは、ハニカム構造フィルムと呼ばれており、孔の大きさは、湿度、高分子の濃度、溶媒の蒸気圧などを変えることで、数十nmから数十μmの範囲で自在に制御することができます。そして、水と混ざらない有機溶媒に溶ける水に不溶な物質に適用できる汎用的なマイクロ・ナノ加工技術です。ハニカムフィルムの作製プロセスは、基本的には加湿下で塗布、乾燥するだけの単一工程であり、リソグラフィなどの現行の微細加工技術に比べ圧倒的に工程数は少なく省エネであり、大面積化も可能です。

要点BOX
- ●結露水滴の自己組織化を使ったプロセス
- ●汎用的なマイクロ・ナノ加工技術
- ●省工程、省エネ、大面積化

ハニカムフィルムの形成機構と現行技術の比較

自己組織化ハニカム膜

1、高分子溶液の滴下

↓

2、水蒸気の吹きつけ

高湿度の空気

↓

3、結露した水滴を鋳型とした多孔質膜の自発的形成

溶媒の蒸発

水滴の蒸発

結露した水滴

高分子のフィルム

基板

↓

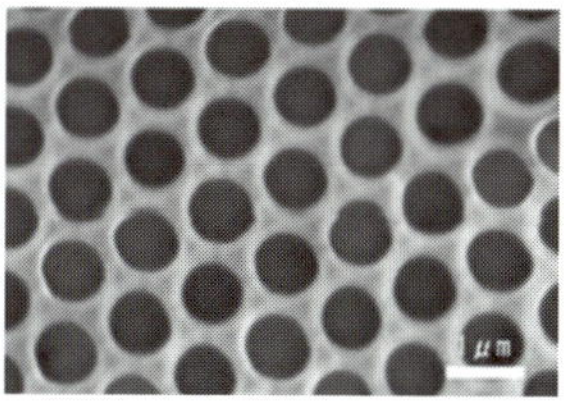
μm

フォトリソグラフィ

1、洗浄・酸化

- ・鏡面研磨
- ・金属・パーティクル除去
- ・加熱による酸化膜作製
- ・LP-CVD法による窒化膜作成

etc.

↓

2、成膜

- ・感光樹脂を塗布

↓

3、露光

- ・紫外線露光

紫外線

マスク

↓

4、現像

- ・露光部のレジスト除去（ポジ型）
- ・焼き締め

↓

5、エッチング

- ・エッチング
- ・洗浄・イオン注入

↓

6、レジスト剥離

- ・レジストを除去
- ・酸化

↓

およそ100工程で完成

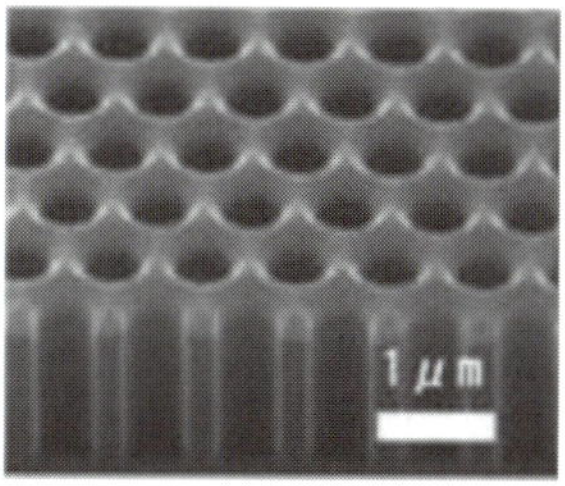
1 μm

※マスク作製

電子線描画

レジスト膜

ウェハ

レジスト除去 ↓ エッチング

マスク

50 自己組織化によるバイオミメティクス

ハニカムフィルムで水滴操作

ハニカムフィルムは、2枚のフィルムが細い柱で支えられているような構造をしています。表面に粘着テープを貼って片面をはがすと、生け花に使う剣山のようにポリマーの突起が規則的に配列した構造になります。この構造はハスの葉の表面と同じ原理による超撥水性を示します。一方、バラの花びらやナミブ砂漠に棲息するゴミムシダマシの体表面は、撥水性と吸着性を併せ持っており、水滴を捕集する機能があります。撥水性材料に水滴を保持する部位を導入することができれば、水滴の捕集や操作をすることが可能になります。
ハニカムフィルムの細孔に無電解ニッケルメッキを施した後に物理的な剥離操作を施すと、ポリマーの突起と金属ドームの複合体（ハイブリッド）が作製されます。この表面は、ポリマー突起構造の超撥水性と金属の親水性を併せ持つので、水滴は大きな接触角を示すものの強く吸着されるので、フィルムをひっくり返しても落ちません。
無電解メッキをする温度条件を制御すると、金属ドームの密度を制御することができます。金属ドームの密度が高いほど水滴の吸着力は強くなります。金属ドーム密度にグラデーションをつけ吸着力に傾斜を持たせることで、重量によって水滴の分離をする〝Invisible gate〟（見えないゲート）とでも言うべき材料が作製されました。
光や熱などの外部刺激で濡れ性が変化する材料を使ってハニカムフィルムを作製すれば、水滴捕捉の制御が可能になります。また、金属部分を電極として使えば電場による制御もできます。液滴の輸送や分離、融合、捕集などを行うデジタル・マイクロ・フルイディクス・デバイスとして、微小化学分析システムであるμ-TAS（Micro-Total Analysis Systems)やマイクロ・リアクタなどのLab-on-a-chipの分野でも注目されるかもしれません。

要点BOX
●自己組織化材料を水滴操作に応用
●吸着力の差で水滴分離を達成
●マイクロ・フルイディクスのパラダイムシフト

ハニカムフィルムを金属メッキすると

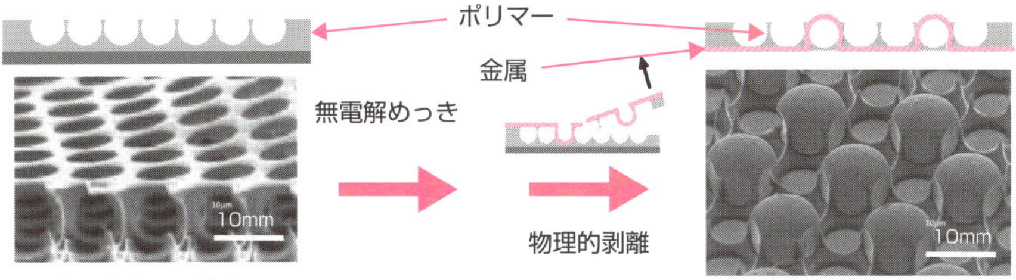
ポリマー
金属
無電解めっき
物理的剥離
10mm
10mm

ハニカムフィルム

ポリマ突起と金属ドームのハイブリッド表面

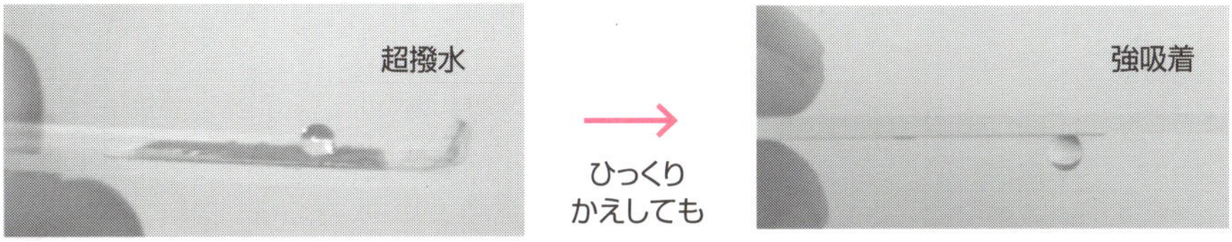
超撥水
ひっくりかえしても
強吸着

不可思議な“不可視門”が水滴を重量で分離

水滴が滑る表面　　水滴をピン留めする表面

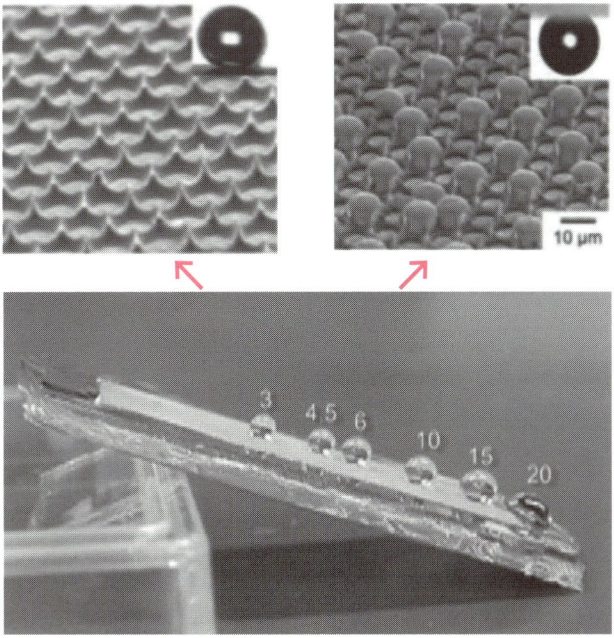
10 µm
3
4 5
6
10
15
20

Column ⑤

寺田寅彦と日本人の自然観 ―自己組織化研究の先駆者

生物や自然に学ぶものつくりは、日本人の自然観に適した考え方のように思えますが、残念なことに、日本のバイオミメティクス研究開発の現状は世界に比べると周回遅れ気味です。自己組織化現象の代表としてはチューリング構造が有名ですが、実はそれ以前に、寺田寅彦が「割れ目と生命」という論文で生物の模様形成に関する考察をしていました。

複雑系科学の予言者でもある寺田寅彦は「日本人の自然観」と題したエッセーにおいて、「日本において科学の発達がおくれた理由はいろいろあるであろうが、一つにはやはり日本人の以上述べきたったような自然観の特異性に連関しているのではないかと思われる。（中略）全く予測し難い地震台風に鞭打たれつづけている日本人はそれら現象の原因を探究するよりも、それらの災害を軽減し回避する具体的方策の研究にその知恵を傾けたもののように思われる。おそらく日本の自然は西洋流の分析的科学の生まれるためにはあまりに多彩であまりに無常であったかもしれないのである。」と論じています。日本人の自然観の根底にある「無常観」は、我が国のバイオミメティクス研究にどんな影響を与えるでしょうか。

日本郵便
寺田寅彦
10

第6章

生物の相互作用やシステム、生態系から学ぶ

51 宇宙空間で生き残れる生物がいた！

乾燥耐性の仕組み

2007年から国際宇宙ステーションでネムリユスリカ乾燥幼虫を含む生物飼料を最長で2年半におよぶ船外暴露実験が実施されました。回収されたネムリユスリカを梱包していたポリエチレンのプラスチック容器が高温で溶けてしまうくらいの過酷な環境条件にさらされたことはまちがいありません。驚いたことに、そのネムリユスリカ乾燥幼虫は水に戻すと生き返ったのです。乾燥幼虫を地上で同様の期間、高温下に置いておくと致死します。

なぜ宇宙の極限環境下では死ななかったのでしょうか、その原因を探ってみましょう。

ネムリユスリカ幼虫は脱水が始まると、水の代わりに生体成分を保護するトレハロースという糖を大量に合成し、さらに脱水が進むとガラス状に固まります。このトレハロースのガラスがネムリユスリカの生体成分を酸化ストレスから長期間にわたって保護するのです。17年間眠っていた幼虫を水に戻したら蘇生したという記録が残っています。70℃以上の高温処理でトレハロースのガラスが溶け始めると生体保護機能は失われていきます。90℃に1時間置いた乾燥幼虫は、水戻し後に20％の幼虫が蘇生したものの、それより長時間の高温暴露は致命的でした。しかし宇宙空間では2年半に及ぶ高温暴露によっても幼虫は生きていました。宇宙空間に酸素は存在しません。幼虫のガラスが高温で溶けてしまっても生体成分が酸化されて損傷を受けることがないのです。

ネムリユスリカ幼虫が持つ脳や肝臓、腎臓、消化管などの臓器は機能を保ったまま乾燥状態で常温保存されます。このネムリユスリカの驚異的な乾燥耐性の仕組みを模倣することで、将来的には保存の際にエネルギーが不要な夢の「常温保存技術」が一般化され、例えばビーフジャーキーをステーキとして食する時代がきっと到来するはずです。

要点BOX

- ●ネムリユスリカ幼虫は無代謝の乾燥休眠をする
- ●トレハロース（糖）は乾燥耐性を高める分子
- ●トレハロースのガラスは生体成分の酸化を防ぐ

水に戻せば活動を再開

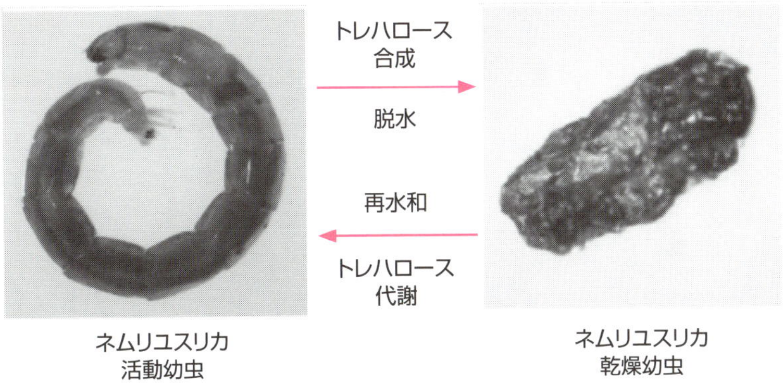
トレハロース
合成
脱水
再水和
トレハロース
代謝
ネムリユスリカ
活動幼虫
ネムリユスリカ
乾燥幼虫

様々な極限環境とそこに生息する生物

極限環境の条件	微生物の一般名	代表種
高温 (～122℃)	好熱菌	*Methanopyrus kandleri*
高pH (～pH12.5)	好アルカリ菌	*Alkaliphilus transvaalensis*
低pH (～pH-0.06)	好酸菌	*Picrophilus oshimae*
高NaCl濃度 (～飽和NaCl)	好塩菌	*Halobacterium salinarum*
高圧力 (～1100気圧)	好圧菌	*Moritella yayanosii*
放射線 (30000Gyのγ線)	放射線耐性菌	*Thermococcus ga atolerans*

極限環境生物(Extremophiles)は「極限環境に好んで生息する生物」と定義されています。ネムリユスリカの生息場所は、アフリカの半乾燥地帯の花崗岩の岩盤にできた小さな水たまりです。確かに水たまりの水温は日中に40℃にも達しますが、決して極限環境ではありません。厳密に言えば、ネムリユスリカは極限環境生物ではないのですが、幼虫が一旦乾燥すると極限温度(100℃、-270℃)、高圧力(12000気圧)、高線量(7000Gy)の放射線などに耐えるようになります。

52 暗闇のエネルギー産出系

地球表面の約7割を占める海洋の平均深度は3800メートルで、うち水深200メートル以深が深海と呼ばれます。深海は地上とは全く異なる極限的な環境です。水深10メートルごとに水圧が1気圧ずつ上昇するので、最深部（水深約11000メートル）での水圧は約1100気圧にも達します。また太陽光は水深200メートルまでしか到達しないため、深海は常に暗黒の世界で、水温も季節を問わず2～4℃の間で変動しません。

過酷な深海環境の生物量は低く、荒野のように殺伐としています。例外的に、極めて多くの生物が生息するオアシスのような場所が存在します。例えば熱水噴出孔と呼ばれる深海底から湧き出す温泉の周辺です（図1）。活動が活発な熱水噴出域には、サンゴ礁に匹敵するほど多量の生物が生息しています。

地上では太陽エネルギーを使って物質生産を行う光合成生物が1次生産者として生態系を支えています。一方、深海の生態系を1次生産者として支えているのは、熱水に含まれるメタンや硫化水素などの還元的化学物質を酸化し、そのときに発生するエネルギーを使って物質生産を行う微生物です。熱水噴出孔周辺の生物は、これらの微生物から栄養をもらって生きています。ハオリムシ（図2）と呼ばれるゴカイの仲間に至っては、エネルギー供給の全てを筒状の体内に共生する微生物に頼っていて、餌を食べる必要がなく、口や消化気管は退化しています。

光合成の仕組みには、効率の良いエネルギー変換システムを生み出すヒントがあると考えられています。深海の生態系を支える「化学合成」の仕組みにも言えます。例えばC1ケミストリーで重要なメタンをメタノールへと酸化する反応は、触媒を使って高温・高圧下で行われます。ところが深海には、メタンモノオキシゲナーゼと呼ばれる酵素を使って、冷たい海水中で同じ反応を行う微生物が生息しています。

要点BOX
- ●熱水噴出域には豊かな生態系がある
- ●効率の良いエネルギー変換システムのヒント

図1　熱水噴出孔の周辺環境

写真提供:海洋研究開発機構

図2　口や消化器官が退化しているハオリムシ

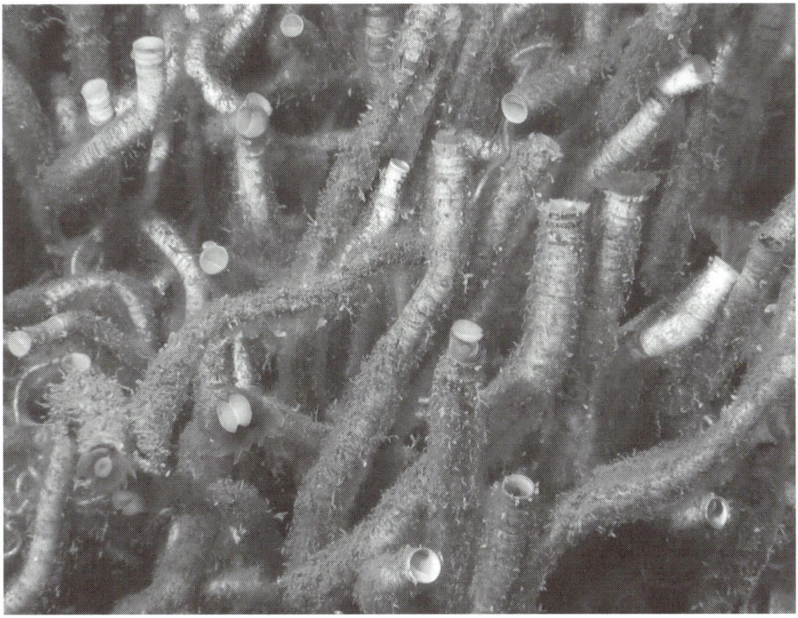

写真提供:海洋研究開発機構

53 生物の体内構造をインフラの設計に取り入れる

カイメンに学ぶフェイルセーフ

配水管網や交通網、通信網など、私たちの身のまわりは様々なネットワークで溢れており、それらが適切に運用されることを前提とした社会システムが構築されています。そのため、頑強なネットワークの構築や再編成が強く求められています。

海綿動物（カイメン）は原始的な多細胞動物で、体の中には水路網が密に張り巡らされており、その水路を通じて体中に新鮮な海水を行き渡らせ、海水に含まれる餌や酸素を取り込みます。つまり摂食と呼吸という生命活動の維持にとって非常に重要な機能をつかさどるカイメンの水路網は、体内の適切な場所に適切な量の水を分配し、各所で利用した後、体外に排水を行う統合的な水利用ネットワークだと言えます。カイメンはまわりの環境に応じて、水路のネットワーク構造を常に再構成しながら不定形に成長しますが、その際にも水を体の各部位に適切に分配する機能自体は常に維持されます。さらに、カイメンは一部の水路が目詰まりなどにより遮断されたとしても、水輸送機能を失わないという頑強性も持ち合わせています。頑強性を維持しながらも自在に水管網を再構成するというカイメンの特性は、様々なネットワークにおいて今まさに求められています。

また、カイメンは神経系を持たないため、水路網の複雑なネットワーク構造も、細胞間の局所的な相互作用のみで作り上げられます。そのようなランダムな状態にある構成要素同士が相互作用することによって自発的に秩序立った構造を作り上げることを自己組織化といいます。つまり、カイメンが拡張性に富む頑強な水路ネットワークを構築する背景には、シンプルな自己組織化のルールがあると考えられます。そのルールを解明・応用することによって、現在社会のあらゆるネットワークシステムが直面している災害時のフェイルセーフや拡張性など様々な問題点を解決するヒントが得られると期待されています。

要点BOX

- ●複雑なネットワークの課題は頑強性と拡張性
- ●カイメン体内の水路は頑強な水輸送ネットワーク
- ●カイメン水路を模倣したネットワーク設計

カイメンの体の構造

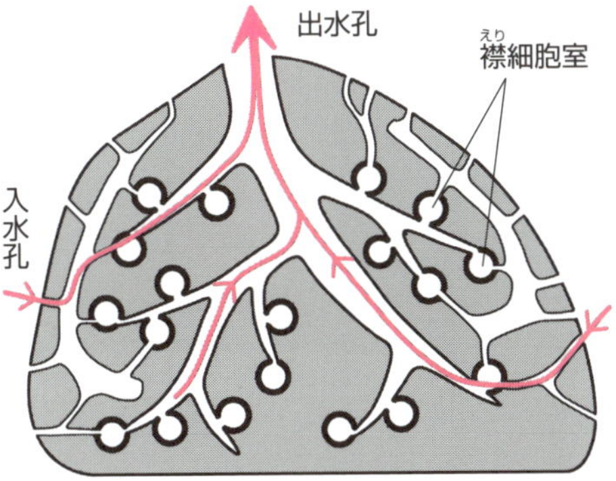

出水孔
えり
襟細胞室
入水孔

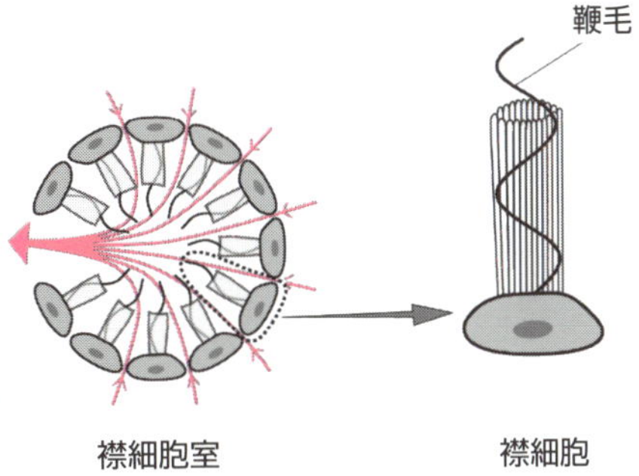

鞭毛
襟細胞室
襟細胞

鞭毛の動きによって、
水の流れを引き起こします。

組織・器官の分化がない→ ボトムアップで形態形成

カイメン水路ネットワーク

・カイメンは、体内の水路網を介して体中に新鮮な海水を届ける

＋

・成長や生息環境の変化に伴い、水路構造を変化させる

↓ **ロバスト性** と ↓ **拡張性**

を兼ね備えた水利用システム

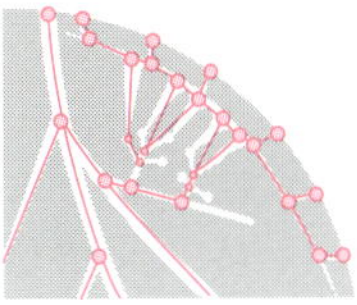

↓

原理の解明

・水路構造が変わっても頑強性を保つメカニズム
・高効率な水輸送を可能にするメカニズム

↓

モデル水路の設計 ⟷ **実際のネットワーク（例:水道管）**

↓

比較・評価

↓

カイメン水路を模倣した頑強なネットワークの設計へ

54 バイオミメティック・アーキテクチャ

砂漠のアリ塚はとっても快適

サバンナでは、昼間50度、夜は氷点下と外気温差が大きいにもかかわらず、シロアリが土で作ったアリ塚内部の温度は30度前後で一定に保たれています。巣は、地上部と地下部からなり、その中には無数の細長いトンネルが張り巡らされています。地下部の土は湿っており、外部から巣の中に入った暖気は気化熱で冷却されるとともに、蒸発した水によって巣内部は加湿されます。アリ塚の土壁には、保水性と通気性に優れた団粒構造と呼ばれる微細構造があり、湿度調整機能があります。さらに、煙突効果によって巣の下部に入った熱は上部へ流れ外部に排気されます。

アリ塚のように、ベンチレーション（風通し）や放射冷却などを利用した空調はパッシブクーリング（受動的冷房）と呼ばれています。ジンバブエの首都ハラレにある複合商業施設Eastgate Centreは、アリ塚の空調を模倣した省エネビルとして有名です。建物の外壁が日中に吸収した熱は、夜間にファンを利用して建物内部へ送り込まれることで空調が行なわれます。同じ規模の建物が必要とする冷房コストの10％で賄えるのだそうです。

ナイジェリアでは、２０１４年に独立１００年を記念した「biomimetic smart city」と称される環境都市設計構想が提案されました。建築物だけでなく、水路網や交通網、流通網などのインフラ構造の設計にもバイオミメティクスを適用するとしています。

これらの動向は、「生態系バイオミメティクス」と称するトレンドとして捉えるべきであり、個々の生物の形態やそれに伴う機能のみならず、生態系システムや環境との相互作用までをも視野に入れることで、バイオミメティクスは持続可能性に向けた技術革新をもたらす総合的な工学体系となり得るのです。

要点BOX

- ●生態系までをも取り込んだ工学体系
- ●建築物にもバイオミメティクスを取り入れる

アリ塚の内部の構造

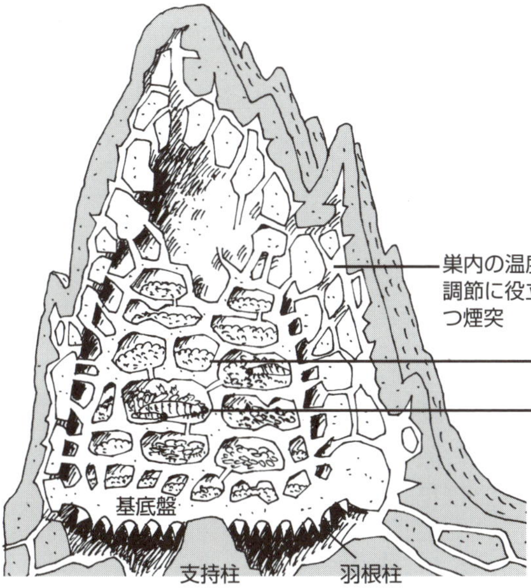

巣内の温度
調節に役立
つ煙突
菌室
王室
基底盤
支持柱
羽根柱

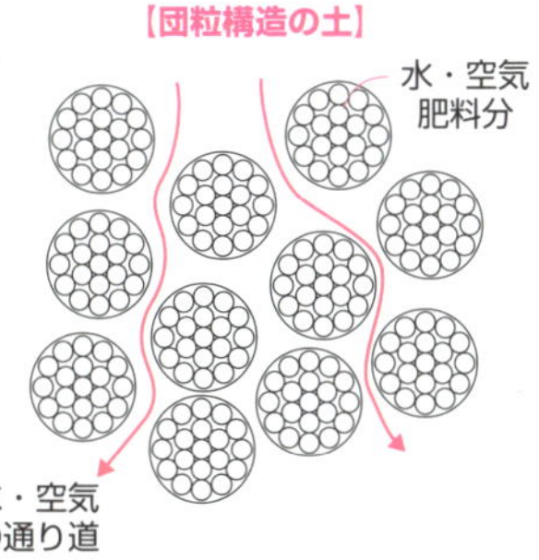

【団粒構造の土】
水・空気
肥料分
水・空気
の通り道

Eastgate Centre建物内での空気の流れ

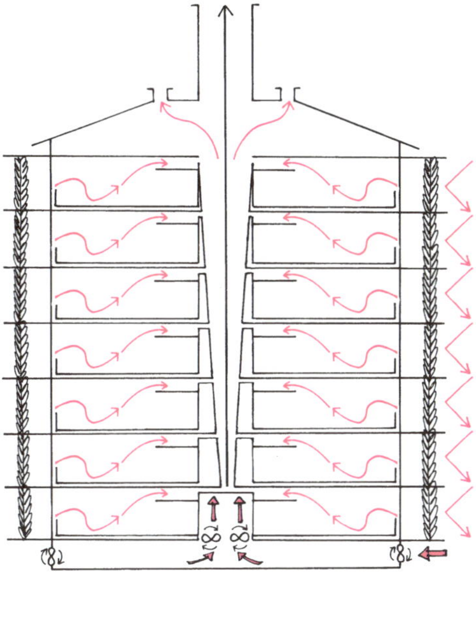

建物下部から冷たい空気を取り込むと、熱い空気は煙突のように上昇して建物外へ放出されます。

55 ぶつからないイワシ、渋滞しないアリ

交通手段への応用

生物は個体として生存している訳ではありません。群れにおいては、個体と個体の相互作用があり、社会が生まれます。さらには、多様性下における他の生物との相互作用や、非生物学的な自然現象との複雑な相互作用により生態系システムが構築され環境を形成しています。本章では、生物と環境との相互作用、システムとしての群れの行動などから学ぶバイオミメティクスの新たなトレンドを紹介します。

魚は魚体の側面にある水圧や水流の変化を感知する〝側線〟から得られる感覚情報と、視覚によって得られる広い視野の情報を併用することで、群として密集した状況においても互いにぶつかることなく泳ぐことができます。隣接する仲間とは衝突を回避するように、並走する魚とは距離を保つように、遠くの仲間とは離れすぎないように接近しようとするため、敵に襲われても仲間同士ぶつかることなく、群れの形を自在に変えて泳ぐことができるのです。

日産自動車は、魚の行動パターンにヒントを得て集団走行するロボットカー「エポロ（EPORO）」を開発しました。レーザによるセンシング技術と近距離用の無線通信技術を使って、魚の感覚情報と視覚情報に相当する情報を得ることで、自由に変形可能な群れを形成し効率の良い走行が可能です。将来の交通手段への応用へ向けて研究が進んでいます。

アリは匂いで家族がわかります。また、アリは道しるべフェロモンを地面に残しながら歩くので、行列をつくることができます。数学者である西成活裕東京大学教授の著書「クルマの渋滞 アリの行列―渋滞学が教える「混雑」の真相―」によると、フェロモンの濃度が高くなるとアリは一定の距離を保つことで渋滞をしないようにしているそうです。先を急ぐがあまりに渋滞を引き起こし、結果として効率が低下するような経済原理も、生物の群れの仕組みに学ぶべきところが多いかもしれませんね。

要点BOX

- ●群れの中では自律分散制御
- ●バイオミメティクスがもたらす新たな交通社会

エポロ(EPORO)

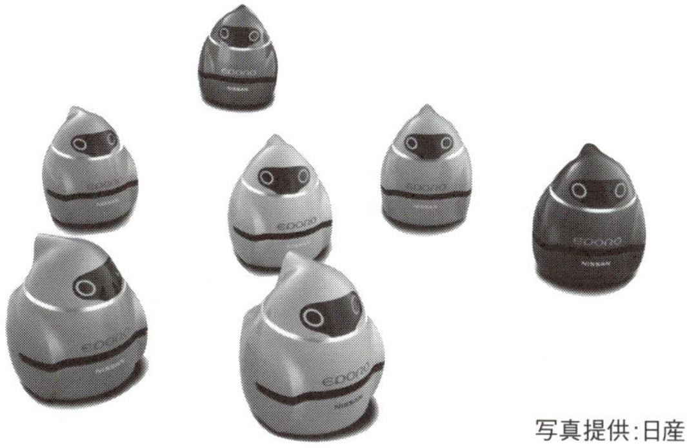

写真提供:日産自動車

魚群回遊のイメージ図

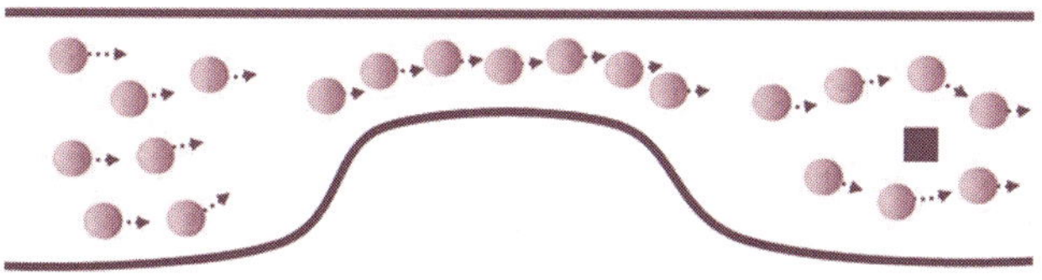
群走行
狭路走行
障害物回避

資料提供:日産自動車

魚がぶつからない3つのルール

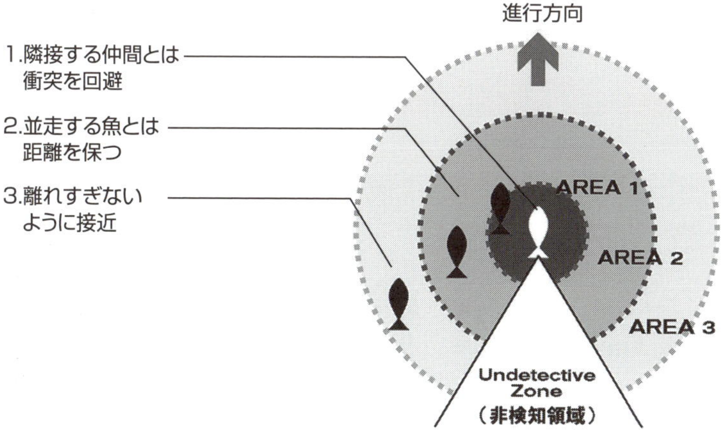
進行方向
1.隣接する仲間とは
衝突を回避
2.並走する魚とは
距離を保つ
3.離れすぎない
ように接近
AREA 1
AREA 2
AREA 3
Undetective
Zone
(非検知領域)

資料提供:日産自動車

Column⑥

フグが作るミステリーサークル

今から20年ほど前に奄美大島の海底で直径２ｍもある不思議なサークルが見つかりました。中心部分からサークルの縁に向かって多くの溝が放射状に走り、サークルの縁には二重の土手のような盛り上がりがありました。サークルは毎年４月から８月頃に現れるのですが、どのようにしてできるのか、あるいは、何者が作るのかは謎のままでした。そのため、現地ではこの模様を「ミステリーサークル」と呼んでいました。

小さなフグがこのミステリーサークルを作ることを水中写真家の大方洋二さんが発見したのは２０１１年のことでした。その後、私は２０１４年にこのフグの標本を手に入れて、新種として発表し、アマミホシゾラフグという和名をつけました。

アマミホシゾラフグの雄は１週間かけてサークルを作ります。雌はサークルの中心部に卵をうみます。サークルは産卵巣なのです。雄の全長は12㎝くらいですから、フグの大きさと私の身長（１７６㎝）の比率に基づいて、私がサークルを作るとすると、直径32ｍもある巨大なサークルを作らねばなりません。アマミホシゾラフグの雄が大工事をしていることがわかります。

なぜアマミホシゾラフグの雄は複雑な形の産卵巣を海底に作るのでしょうか。卵が成長するためには酸素が豊富な海水が必要です。サークルに放射状の溝があると、どの方向から流れが来ても中心部に海水が集まり、水がよどむことはありません。また、海底の砂地に目立った印はありませんが、複雑な模様をしたサークルがあれば、雌が産卵巣を見つけやすくなるでしょう。しかし、詳しいことはわかっていません。謎解きは始まったばかりなのです。

写真撮影:大方洋二

第7章

様々な分野や学問が融合するバイオミメティクス

56 博物館が持つデータをどのようにいかすか？

自然史博物館はバイオミメティクスの宝庫

人類の歴史の何十倍、何百倍もの長い歴史を経て、地球上のあらゆる環境に適応してきたたくさんの種類の生物への深い理解と、それらと真摯に向き合う姿勢が必要です。それと同時に、多種類の生き物とじかに触れ合うことのできる機会が大切です。しかし地球上のあらゆる生物の多様性と触れ合うことは、１人の人、１つの研究室くらいの単位では限界があります。

たとえなかなか生物に触れる機会のない人でも、手軽に世界中のあらゆる生物を見たり調べたりすることができる。それが自然史博物館です。自然史博物館は、世界中の生き物の資料や標本を収集し、蓄積しています。自然史博物館には、たくさんの標本や資料が展示されていますが、それは博物館が所有する資料のほんのわずかな部分に過ぎません。

日本にはどのくらいの自然史博物館があるのでしょうか？　２００５年の文部科学省の調査では、自然史部門を含むことのある総合博物館が１５６館、自然史博物館を含む科学博物館が１０８館あるとされています。また、博物館類似施設は総合博物館が２６２館、科学博物館は３６６館あるとされています。世界の他の国とごく簡単に比較すると、博物館の数が世界で最も多いアメリカには約１７５００館の博物館があるとされており、自然史博物館は８７５館を数えます。人口当たりの博物館数が最も多いドイツには、６３０４の博物館があり、そのうち自然史博物館は３０３館あるとされています。

自然史博物館に勤務する学芸員（キュレーター）は、館が所有する自然史資料を管理し、研究し、教育活動に活用する役割を果たしています。バイオミメティクス研究は自然史博物館の豊かな資料を活用し、学芸員の協力を支えにすることによって、効率的に進めることができるのです。

要点BOX
- ●生物への深い理解を持とう
- ●バイオミメティクス研究は、博物館との連携が大切

国立科学博物館の外観

国立科学博物館

国立科学博物館の昆虫標本収蔵庫

手前はドイツ型標本箱のキャビネット、奥はプレパラートボックスの棚

57 オントロジー・エンハンスド・シソーラスって何？

工学者の発想を言葉で支援する

工学者は生物が機能を実現している巧妙なやり方から開発のヒントを得たいと考えています。しかし、工学者は生物に関しては素人ですので、素人でも「有用な」情報を見つけられる支援が強く望まれています。オントロジー・エンハンスド・シソーラス（以下ＯＥＴ）はそんな工学者を助けるツールなのです。

シソーラスとは検索キーワードの同義語や類似語を集めたものですが、技術者が求めている生物情報を見つけるには十分ではありません。工学と生物の世界がかけ離れているからです。そこで、オントロジーという、物事の本質的な構造を高い抽象レベルで表現した言葉を使って、工学と生物といった異分野の谷間を埋めようとしています（図1）。

ＯＥＴを使った工学者の支援は、人間が連想しながら考える方法に似ています（図2）。左上にある「汚れない」というキーワードが入力されたとき、汚れてもすぐ落ちれば汚れないといえる→汚れが落ちるようにするには洗い流せば良い→洗い流すには水で表面が覆われていれば良い→そうするには表面が親水性を持っていれば良い→親水性といえば逆の性質で撥水性という性質もある→親水性といえばバラの花が有名だ→その実現には表面の凹凸構造が効いている→凹凸構造といえばハスの葉の表面もそうだ→撥水性もある→汚れないといえば、泥の中に住んでいるけど表面が汚れていないミミズがある…。このようにして得られた生物やその道筋から、さらに興味深いキーワードを見つけて、本格的な検索をすることができるわけです。

図3に実行例を示します。「防汚、抗菌塗料」を入力として、その実現に貢献する可能性がある生物が外周に描画されています。利用者はこれらの中からさらに良いキーワードを得ることができます。もっと詳しいことを知りたい方は〈文献1〉を読んでください。

要点BOX

- ●研究開発にヒントを与える有用な情報の発掘
- ●オントロジーを用いてシソーラスを強化
- ●連想的推論によって工学と生物学の谷間を埋める

図1　オントロジー・エンハンスド・シソーラスの概念

オントロジー
振る舞い
生息環境
機能分解
構造
機能
オントロジー
生物種
Taxonomy
工学
ニーズ
課題
生物学
多様な生物種
と豊富な情報
オントロジーとは
コンピュータが
理解可能な
抽象的概念の体系

図2　連想的推論の例

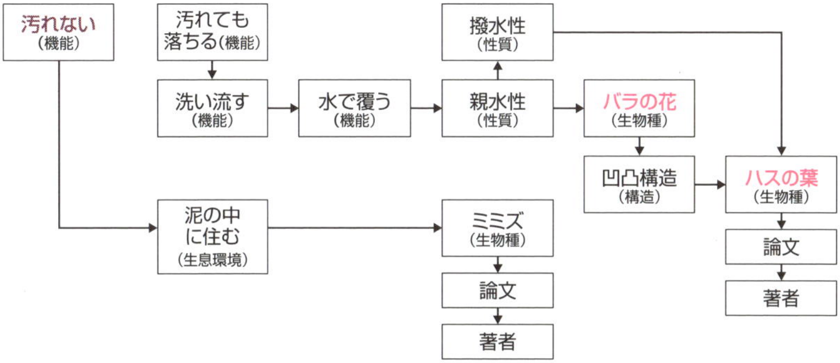
汚れない
（機能）
汚れても
落ちる（機能）
洗い流す
（機能）
水で覆う
（機能）
撥水性
（性質）
親水性
（性質）
バラの花
（生物種）
凹凸構造
（構造）
ハスの葉
（生物種）
論文
著者
泥の中
に住む
（生息環境）
ミミズ
（生物種）
論文
著者

図3　オントロジーデータベースの実行例

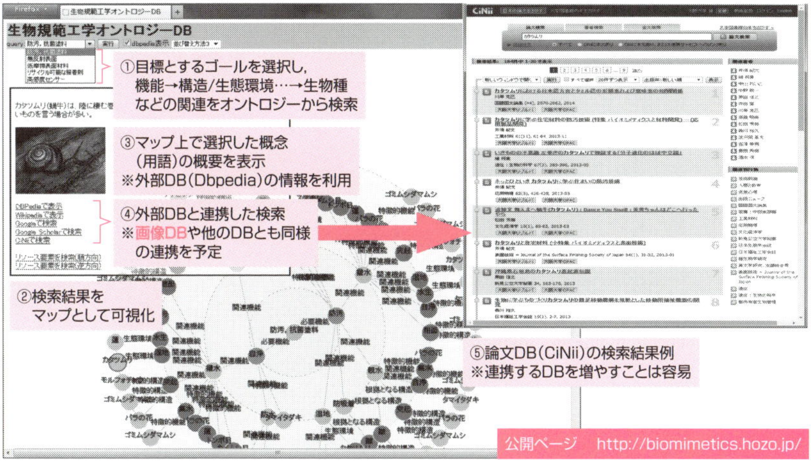
生物規範工学オントロジーDB
①目標とするゴールを選択し，
機能→構造/生態環境…→生物種
などの関連をオントロジーから検索
③マップ上で選択した概念
（用語）の概要を表示
※外部DB（Dbpedia）の情報を利用
④外部DBと連携した検索
※画像DBや他のDBとも同様
の連携を予定
②検索結果を
マップとして可視化
⑤論文DB（CiNii）の検索結果例
※連携するDBを増やすことは容易
公開ページ　http://biomimetics.hozo.jp/

文献1:溝口 他 オントロジー強化型シソーラス―工学者のための発想支援型情報検索を目指して「情報管理」Vol.58, No.5, pp.361-371、2015

58 生物顕微鏡画像から新発明!?

技術者の発想を画像で支援する

　地球上には、沢山の種類の生物が存在します※。私たちは、わからないものを調べる時に、パソコンやスマートフォンで検索を行い、沢山のデータの中から必要な情報を探そうとします。ところがこの検索を使ってバイオミメティクス研究に役立つ生物を探そうとしても、生物の知識が少ないと適切なキーワードの見当がつきません。現在の検索技術では、キーワードが分からないと必要な情報を得ることができません。沢山の生物の中から、ものつくりに役立つ生物の情報を効率的に探し出すためには、新しい検索の仕組みが必要です。

　このような目的で開発した「バイオミメティクス画像検索システム（以下システム）」は、従来のキーワードを用いる検索ではなく、画像から画像が検索できる画期的なシステムです。

　具体的な例を示しながら説明します。

　現在、システムには、今世紀になって広く普及した走査型電子顕微鏡（ＳＥＭ）で昆虫や魚類などの表面を観察した約２万枚（２０１５年11月現在の枚数）の画像が登録されています。その一部の約1万枚を見ている様子が図1です。キーワードを入力せずに画像をキーワードとして様々な生物の構造を検索できるので、生物の深い知識がなくても望む情報を手に入れることができます。図2はシステムでの実際の検索結果です。企業で開発された金属の表面をＳＥＭにより観察した画像（50倍）をキーワードとしてシステムに入力すると、様々な生物の中から似ているものを見つけ出せていることがわかります。

　見つけ出した生物の優れた機能を知ることで、ものつくりに役立つ発想が生まれ、より良い材料を生み出すことができます。

要点BOX
- ●効率的な生物情報取得のための新システム
- ●生物の優れた機能の発見がカギ
- ●膨大な生物画像データにヒントが隠されている

図1　金属の画像を使って生物画像を検索している様子

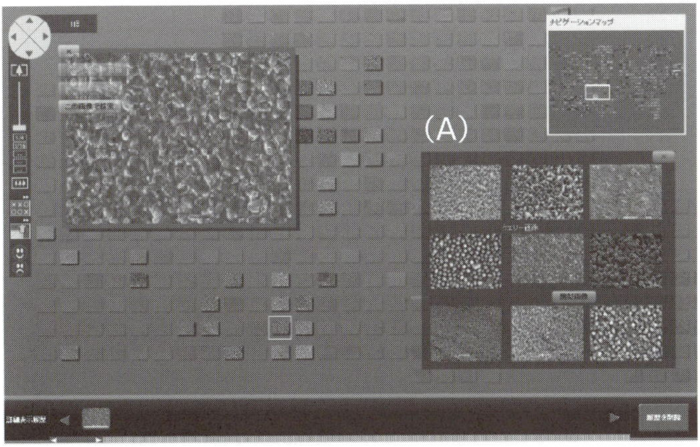
(A)

図2　(A)の拡大図と検索されたデータの詳細

金属の画像を質問画像とした例:上位8件の画像のデータ

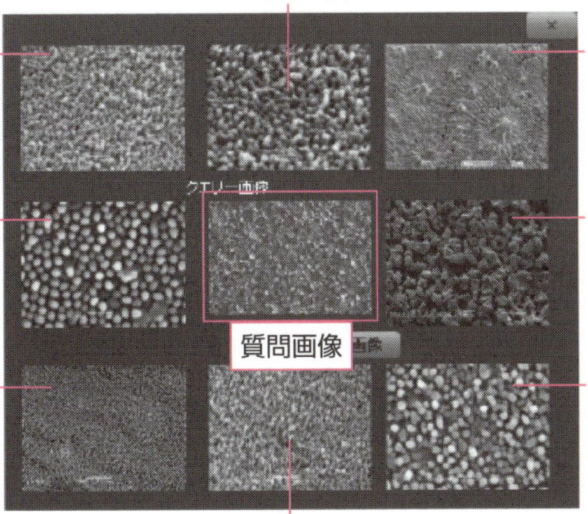
昆虫
オニヤンマ
左前翅腹面
30,000倍
昆虫
オニヤンマ
左後翅腹面
20,000倍
魚類
マンボウ
右体側中央付近
200倍
昆虫
ミンミンゼミ
右前翅
20,000倍
魚類
ダンゴウオ
吸盤
1,000倍
質問画像
昆虫
アブラゼミ
右前翅
2,000倍
昆虫
コナカハグロトンボ
右後翅背面
30,000倍
昆虫
ウスバキトンボ
後翅腹面
20,000倍

※：地球上には870万種以上の生物が存在するという論文が2011年8月23日、米オンライン科学誌（PLoS Biology）に発表されました。ただし、これまでに発見された種はこのうちのほんのわずかだそうです。

59 生物から技術矛盾解決のヒントを探る

バイオTRIZって何？

発明とは、人類が悩んできた技術的な矛盾を解決した優れた発想と言えるでしょう。例えば、住宅材の断熱効果を高くしたい場合、通常は使用材の量を増やして遮熱性に優れた製品を作るでしょう。しかし、これでは製品は重く高価になってしまいます。高断熱な住宅材を安く作るためには「使用材を減らして、断熱効果を高めたい」という技術矛盾が発生します。ロシアの特許審議員であったアルトシューラー氏は250万件以上の特許を調べて、それぞれの特許がどのように技術矛盾を解決したかを調査し、ある法則を見出しました。それは、全ての問題は40の原理で解決できるという画期的な法則です。この手法はTRIZ（トリーズ）と呼ばれています。このTRIZの40の原理に、生物の高効率な機能を取り入れたら、地球にやさしい発明が生み出せるのではないかという考えが、バイオTRIZの根幹です。

前述の物質量と断熱効果の矛盾についてバイオTRIZでは、〝孔をあける〟という原理が提案され、シロアリの巣の空調システムがその原理の具体例として示されます。シロアリの巣は、中央に孔が貫通した煙突付きの冷風循環型構造になっており、巣の材料である土の小さな隙間も巣内部の湿度を調節します。いろいろな孔を利用して、シロアリは昼間50℃、夜間は氷点下というサバンナの過酷な環境下でも、巣の中の温度を30℃前後に保っています。

孔をあけるということでは、ハニカム構造も参考になります。ハチの巣は六角形を配列することで、平面を効率的に利用しています。六角形は、三角形や四角形よりも1ユニットあたりの空間が広くなります。さらにハチは、3方向に移動するだけで六角形の巣を作り出しています。

自然界は新たな特許となる技術の宝庫であり、バイオTRIZは次世代材料の設計・開発のヒントを提示できる強力な手法として期待されています。

要点BOX
- 生物機能を工学特許に移転する方法
- 生物から学ぶ問題解決のための40の原理
- 生物の機能や構造に見る40の原理

バイオTRIZは技術矛盾を解決するヒントを提供してくれる

技術
矛盾
機能
重さ

自然界は特許技術の宝庫

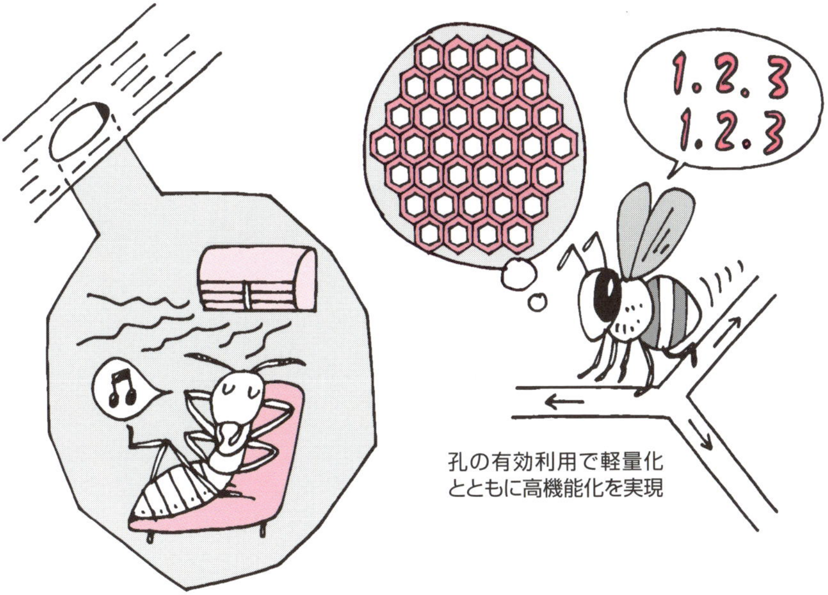
1.2.3
1.2.3
孔の有効利用で軽量化
とともに高機能化を実現

60 特許調査にみるバイオミメティクス

多岐にわたる応用

バイオミメティクスは、「プラスチック材料」や「航空力学」のようなある1つの技術分野というよりも、生物の優れた構造や機能にヒントを得るという〝考え方〟のようなものであり、幅広い分野への応用が可能です。

バイオミメティクスに関する特許を調べると、テレビのディスプレイや自動車・飛行機の部品、建物の部材、太陽光発電パネル、センサ、医療機器など、身のまわりの様々なものに応用しようという研究開発が行われていることがわかります。

特許庁の「平成26年度特許出願技術動向調査―バイオミメティクス」によると、2001年から2012年に出願されたバイオミメティクス関連の特許は5711件となっています。バイオミメティクスの研究開発には、生物の表面の微細な構造を応用するもの、体の構造や動きを応用するものなどがありますが、中でも、表面の微細構造を応用して、様々な機能を持つ材料を作る分野での研究開発が盛んです。米国や欧州、中国からは、医療用の生体適合材料や疎水性・親水性材料の特許が多く出願されています。一方、日本からは、ガの眼を模倣した光を反射しないフィルムやモルフォチョウなどを模倣した色素を使わない発色材料の特許が多く出願されています（図を参照）。

近年では、魚やバッタなど生物を模倣したロボットに関する特許が増加しており、特に中国からの出願が多くなっています。これらは災害現場での捜索救助活動や人間の立ち入れない場所の観測に役立つでしょう。さらに、魚やハチの群れが一体となって動くことにヒントを得て、たくさんのロボットをぶつからないように動かすための研究も行われています。これらは、自動で走行する車やドローンへの応用が期待されます。バイオミメティクスは今後、私たちとって、より身近なものとなっていくでしょう。

要点BOX
- ●生物模倣は幅広い分野へ応用できる
- ●生物表面の微細構造を応用する研究開発が盛ん
- ●ロボットへの応用も増加

各国の特許出願状況

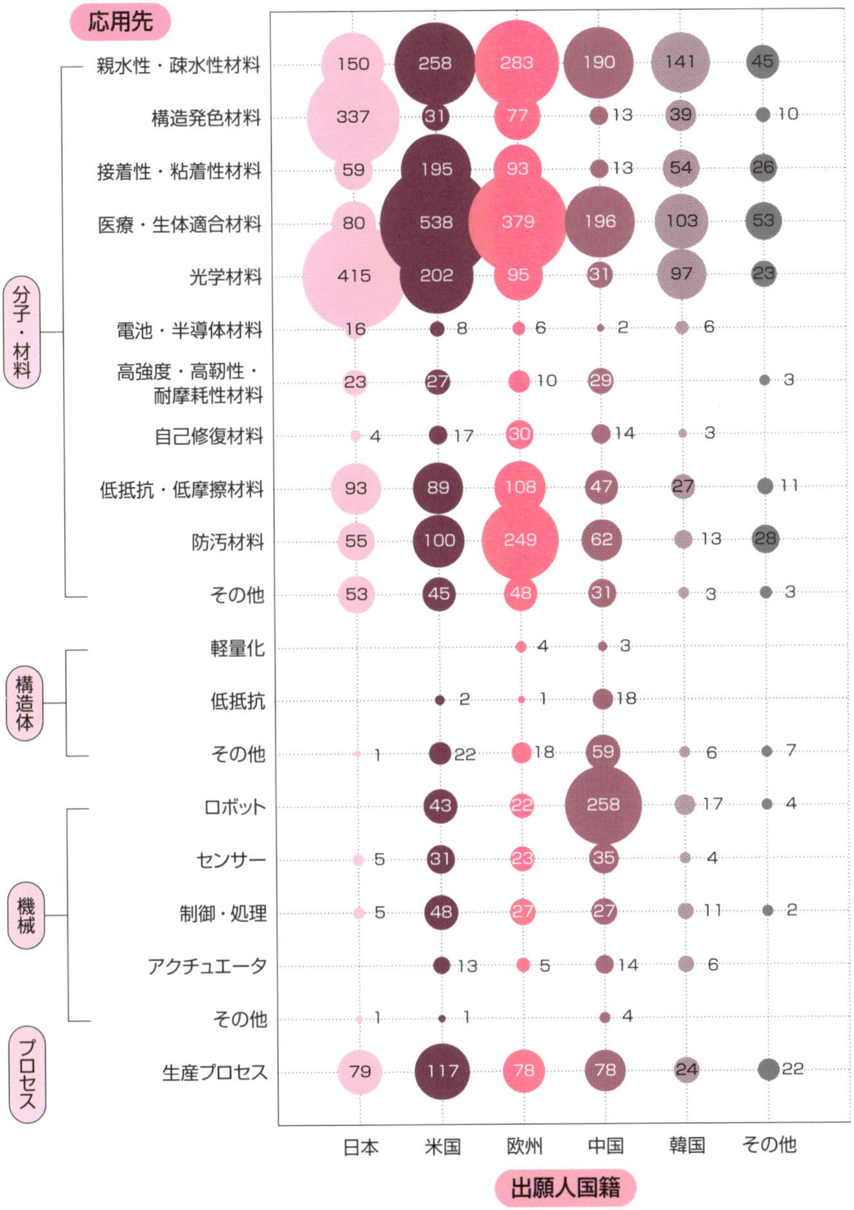
応用先
分子・材料
親水性・疎水性材料 150 258 283 190 141 45
構造発色材料 337 31 77 13 39 10
接着性・粘着性材料 59 195 93 13 54 26
医療・生体適合材料 80 538 379 196 103 53
光学材料 415 202 95 31 97 23
電池・半導体材料 16 8 6 2 6
高強度・高靭性・耐摩耗性材料 23 27 10 29 3
自己修復材料 4 17 30 14 3
低抵抗・低摩擦材料 93 89 108 47 27 11
防汚材料 55 100 249 62 13 28
その他 53 45 48 31 3 3
構造体
軽量化 4 3
低抵抗 2 1 18
その他 1 22 18 59 6 7
機械
ロボット 43 22 258 17 4
センサー 5 31 23 35 4
制御・処理 5 48 27 27 11 2
アクチュエータ 13 5 14 6
その他 1 1 4
プロセス
生産プロセス 79 117 78 78 24 22
日本
米国
欧州
中国
韓国
その他
出願人国籍

出典:「平成26年度　特許出願技術動向調査報告書(概要)バイオミメティクス」(特許庁)

61 工業製品の剛性向上・軽量化とその標準化

生物の順応的成長に学ぶ

外から力を受ける部位を太くして剛性を向上させ、力を受けないところは削ぎ落とすことで軽量化する、生物が長い進化の歴史のなかで獲得してきたこの機能は順応的成長と呼ばれています。順応的成長に学び、自動車や航空機、建築、ロボット、家具といった様々な産業における最適化の標準手法とする試みが進められています。すでにいくつかの最適化手法が国際標準となっています。主導的役割のドイツは、第7次欧州研究開発フレームワーク計画の開始と同時に産業競争力の向上を目指すバイオミメティクス研究開発枠組みBIOKONを組織し、技術者協会VDIや標準化ボディのDINと共同で研究開発と産業化の基盤としての国際標準化を進めてきました。インダストリー4・0においても、バイオミメティクスは重要な役割を担うでしょう。

生物の順応的成長に学ぶ工業製品最適化の標準の原案を作成したのはドイツの機械系の研究者たちです。一方日本にはバイオミメティクスは過去のものとみなす研究者が多く、産業界を含めて国際標準化への関心は低いことが現状です。では、日本の機械系バイオミメティクスは今後どうあるべきでしょうか。福島第一原子力発電所事故の際に活躍したロボットが一台もなかった事実が示すとおり、現時点では役に立つものはほとんどないのが実情です。工業製品のデザインは環境規制と強く結びついていますが、産業競争力という視点で見るなら、環境規制はビジネスルールそのものです。バイオミメティクス=持続可能といった短絡的な認証基準ができたり、グリーン調達へ影響を及ぼすようなことになれば、イノベーションの阻害要因にもなりかねません。このことを正しく認識したうえで、生物の形や動きを模倣する新しい工学の発展とその産業化のための社会基盤として、バイオミメティクスの国際標準化は産学官の包括的な枠組みで推進しなければなりません。

要点BOX
- ●ドイツが推し進める国際標準化
- ●ドイツと日本の関心度の違い
- ●バイオミメティクスを正しく理解する

樹木にみられる力学的な安定構造への順応的成長の例

赤松の年輪の幅から、2本の幹が融合して力学的に安定な構造へ成長していることがわかります(上)。尾根で大きく育った楡の木は、風で倒れないように板状根を発達させています(下)。

写真撮影:阿多誠文、日本ゼオン

Column ⑦

情報科学が繋ぐ ナノテクノロジーと生物学

生物の多様性はバイオミメティクスの宝庫です。ビッグデータとも言うべき膨大な生物多様性のデータベースから工学への技術移転をし、工学的知見を生物学へのフィードバックを可能とするためには、異なる研究分野を繋ぐ発想支援型データ検索システムが不可欠です。英国の週刊経済誌「エコノミスト」が予測する〝2050年の世界〟で、エコノミストの科学技術担当エディタのジェフリー・カー氏は、「第16章　次なる科学」において「科学的に言えば、未来は生物学にある。（中略）この分野からは今後、数多くの発見がもたらされるだろう。また、従来の科学とは毛色の異なるふたつの分野と結びつくことで、生物学に対する一般の理解が深まり、新たな技術も生まれる。その分野とは、ナノ科学と情報科学だ。（中略）生物学とナノ科学、情報科学が具体的にどう結びつくか。その結びつきかたによっては、これから2050年までのあいだに多大な革新が起こるだろう。」と記述しています。バイオミメティクスにおいては、すでに、情報科学が生物学とナノテクノロジーを繋ぎ始めているのです。

2050年の世界
英『エコノミスト』誌は予測する
The Economist
英『エコノミスト』編集部
船橋洋一解説
東江一紀・峯村利哉訳
文春文庫

「2050年の世界　英『エコノミスト』誌は予想する」（英『エコノミスト』編集部、文藝春秋）

第8章 バイオミメティクスとこれからの社会

62 バイオミメティクスはなぜイノベーションか？

欧州で研究活発化

　経済学者のシュンペーターは、既存の価値を破壊して新しい価値を創造していくこと（創造的破壊）が経済成長をもたらすとし、イノベーションを新製品開発、新生産方法、新市場開拓、新資源獲得、組織改革などに分類しています。身近に感じるイノベーションでは、電気通信分野におけるデジタル技術があります。例えば、スマートフォンは、私たちの生活に大きな変化をもたらしました。様々な新製品は私たちの社会生活を豊かにしましたが、環境分野でのイノベーションが少ないのが現状です。

　自然資源や環境を考慮して、豊かな社会生活や経済活動が継続して維持する持続可能性という言葉をよく耳にします。これは、１９８７年の国連環境と開発に関する委員会の「地球の未来を守るために」（邦訳）の報告書で、持続可能な開発という言葉が使われたことがきっかけとなっています。イギリス、フランス、ドイツは、バイオミメティクスを環境技術とし注目するようになりました。石油エネルギーに依存した産業の発展は、便利な社会を生み出しましたが、消費者の消費意欲を満足するために余剰な物が生み出されるようになりました。これまでの技術開発では、自然から学びとる「自然の価値」を製品に組み込むことがほとんどなされていませんでした。そこで、「自然の価値」を利用することにより革新的な製品開発や生産方法を生み出すことができると考え、研究開発が活発化しています。さらに、物理や化学の延長では産業応用できる技術に限界があると感じ、新たな糸口としてバイオミメティクスに期待がかけられています。

　生物の形の模倣から、生物の集団行動、さらには生態環境まで模倣しようとする動きが欧州では進んでいます。これから、自然の循環系のような都市や街のエコシステムが構築され、新たな社会が到来するイノベーションが起こるでしょう。

要点BOX
- ●生物多様性
- ●持続可能な発展
- ●社会意識の変化

バイオミメティクスによるイノベーション

バイオミメティクスには、環境技術としてのイノベーションが期待されています。
従来の製品開発は、新規化学物質の研究やエネルギーが必要な生産方式、そして、コストが高い精密加工などが主流でした。バイオミメティクスによる製品開発や環境設計で新たなイノベーションが起こります。

これからどのような変化が起こるでしょうか

研究者

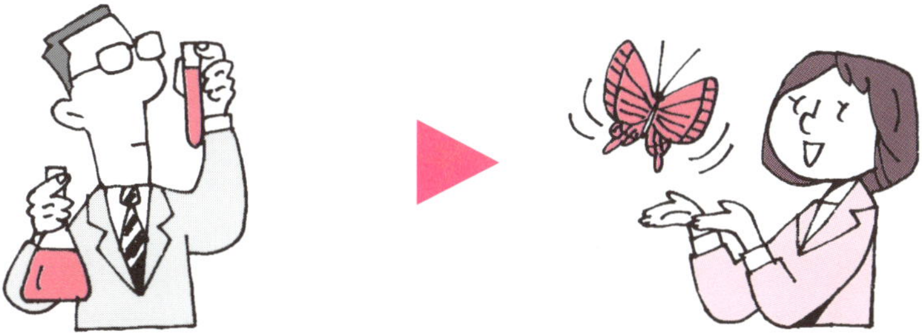

新しい化学物質の研究が中心でした

人や地球にやさしい技術開発が進みます

企業

安全性や環境に多大なお金を費やしていました

自然を模倣した生産技術が活用されます

消費者

大量消費が美徳とされていました

エコ意識が向上し、リサイクルだけでなく、バイオミメティクス製品への関心が高まります

63 ステークホルダーは誰だ？

科学技術はその潜在的実用性が高いからといって社会に普及するとは限りません。技術の社会への普及には社会との丁寧な対話が欠かせません。例えば、魚などの生物の群れを模倣した自動運転技術の普及には、研究者、技術者、製造者、インフラや法律の専門家、消費者といった幅広い層のステークホルダーとの連携が必要となります。

ある技術が社会に広く浸透し、使われるようになることを「社会実装」と呼びます。これを実現するためにはその技術が社会にどのような影響を与えるのか（社会関与）を分析することがポイントになります。社会が豊かになる技術（物質的・経済的にだけでなく）でなければ社会実装に至りません。これを知るには社会関与を調べる必要があります。ステークホルダーとの対話を通して、ニーズや社会実装による恩恵・リスクなどを理解し、その技術の社会関与を知ることができ、当該技術が豊かな社会の構築に貢献できるかを評価できます。そのため、ステークホルダー間での対話が重要となります。

また、製品やサービスが国境を越えるグローバル化の時代では、ステークホルダーは全世界の人々に拡大します。国ごとにルールが大きく異なると、社会実装を行う上で企業や技術者、研究者の負担は大きくなり、グローバルな社会実装を行う障壁になります。世界のステークホルダーと利害を調整し、国際標準化機構（ＩＳＯ）を通じて共通のルールの策定も社会実装にとって重要となります。

資源や環境の制約を受けながら持続発展可能な社会の実現のために、バイオミメティクス技術の社会実装がますます必要とされています。バイオミメティクス技術の社会実装には、研究開発分野だけでの異分野連携だけでなく、幅広いステークホルダーと連携する仕組みが求められています。

要点BOX

- ●社会実装に向けたステークホルダー間での連携が重要
- ●グローバル化に向け国際規格の策定が課題

バイオミメティクス技術の社会実装に関わるステークホルダー

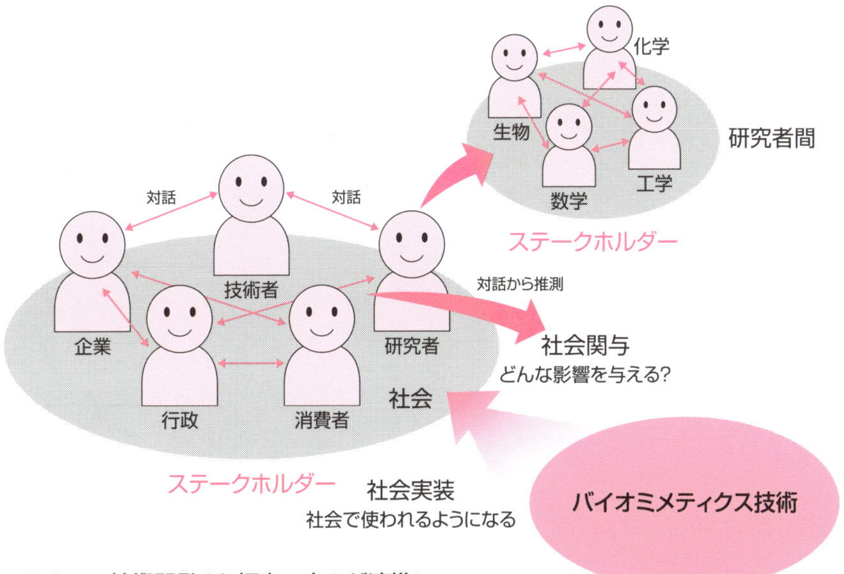

化学
生物
研究者間
数学
工学
ステークホルダー
対話
対話
技術者
企業
行政
消費者
研究者
社会
対話から推測
社会関与
どんな影響を与える?
ステークホルダー
社会実装
社会で使われるようになる
バイオミメティクス技術

これまでの技術開発より幅広い人々が連携!

各国のバイオミメティクス技術の社会実装・研究開発動向の特徴

欧・米・中は研究開発と社会実装のバランスが良い(連携が取れてる!?)

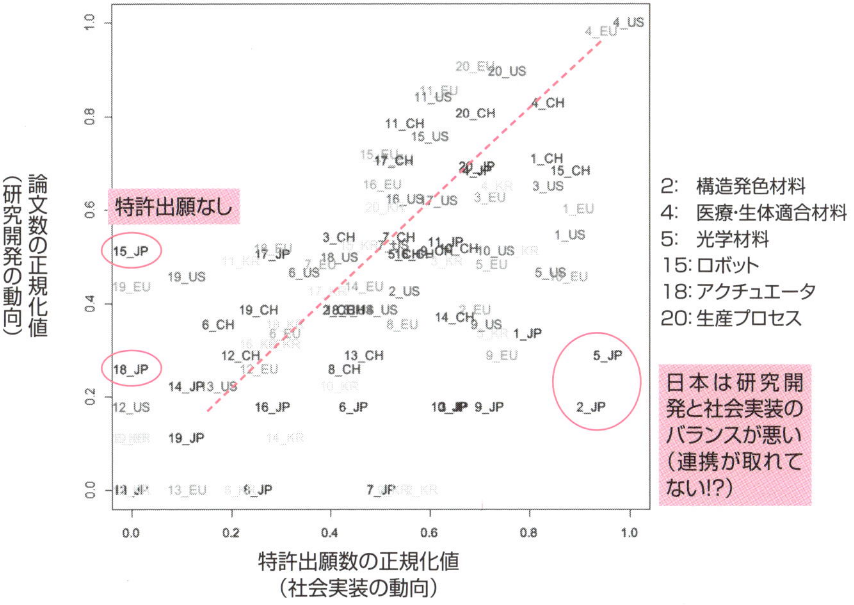

論文数の正規化値
(研究開発の動向)
特許出願数の正規化値
(社会実装の動向)
特許出願なし
15_JP
18_JP
5_JP
2_JP
4_US
4_EU
2: 構造発色材料
4: 医療・生体適合材料
5: 光学材料
15: ロボット
18: アクチュエータ
20: 生産プロセス
日本は研究開発と社会実装のバランスが悪い(連携が取れてない!?)

64 心豊かな暮らしを支えるバイオミメティクス

有限な地球環境を大切に

近年、地球環境問題が厳しさを増しています。予測していた悪化状況よりもさらに悪化していると言われています。もはや、私たちはこれまでの暮らしを維持することができないのです。皆さんや子孫が地球上で安全に住めなくなるかもしれません。

したがって、有限な地球資源や恵みを与えてくれてきた自然を守りながら、持続的に心豊かな暮らしができるように方向転換する必要があります。がむしゃらに人の欲を満たすために技術開発するのではなく、与えられた資源や自然の中で最大限心豊かになるようなライフスタイル変革を起こさなければならないのです。暮らし方を変えるのです。

でも、どうやって？　その答えは単純です。自然のはたらきを理解し、自然と共に生きる方法を考えるのです。与えられた自然を受け入れ、その中で如何に心豊かになるかを考えることなのです。

「90歳ヒアリング」という方法があります。自然と共に暮らすための合理的な知恵や仕組みを先人に学び、それを応用して現代版に焼直すという方法です。自然との共生経験者は日本では現在90歳前後の人々なので、90歳ヒアリングと呼んでいます。

もう1つの方法が、まさに自然と共に生き抜いてきた生き物や自然に学び、人間社会で利用可能な技術を開発する「バイオミメティクス」です。長い年月を経て、弱いものが淘汰され、強いものが生き残ったことから、これらの技術は厳しい自然の中で合理的な技術と言えます。

これらの知恵や技術がバラバラでは意味がありません。最終目標とする心豊かな暮らし方が自然環境を考慮して（バックキャスト思考）合理的にデザインされ、それを支えるためにバイオミメティクスにより技術が生みだされなければなりません。これによってライフスタイル変革ができれば、悪化していく地球環境から持続可能な地球環境へと転換できるのです。

要点BOX

- ●今までの技術基盤では暮らしが維持できない
- ●自然に習う合理的な技術
- ●豊かな暮らしを実現するバイオミメティクス

90歳ヒアリングにより抽出された失われつつある物事

1. 自然と寄り添って暮らす
2. 自然を活かす知恵
3. 山、川、海から得る食材
4. 食の基本は自給自足
5. てまひまかけてつくる保存食
6. 質素な毎日の食事
7. ハレの日はごちそう
8. 野山で遊びほうける
9. 水を巧みに利用する
10. 燃料は近くの山や林から
11. 家の中心に火がある
12. 自然物に手を合わせる
13. 庭の木が暮らしを支える
14. 暮らしを映す家のかたち
15. 1年分を備蓄する
16. 何でも手づくりする
17. 直しながら丁寧につかう
18. 最後の最後まで使う
19. 工夫を重ねる
20. 身近に生き物がいる
21. 暮らしの中に歌がある
22. 助け合うしくみ
23. 分け合う気持ち
24. つきあいの楽しみ
25. 人をもてなす
26. 出会いの場がある
27. 祭りと市の楽しみ
28. 行事を守る
29. 身近な生と死
30. 大勢で暮らす
31. 家族を思いやる
32. みんなが役割を持つ
33. 子どももはたらく
34. ともに暮らしながら伝える
35. いくつもの生業を持つ
36. お金を介さないやりとり
37. 町と村のつながり
38. 小さな店、町場のにぎわい
39. 振り売り、量り売り
40. どこまでも歩く
41. ささやかな贅沢
42. ちょっといい話を話す
43. ちょうどいいあんばい
44. 生かされて生きる

出典:「バックキャスティングによるライフスタイルデザインとその実践」
(古川柳蔵、自動車技術、Vol.69 No.1、2015、p.24-30(2015))

昔は心豊かな循環システムが存在した。ぼろきれは捨てずに箱に一旦とっておき、数が集まってきたら何を作ろうか考え、新しいものを縫う。ただ物質が循環すれば良いという考えではなく、その中でも心豊かになるよう知恵を絞った。現在の資源循環の効率が追求され、心の豊かさまでは追求されていない。(宮城の90歳ヒアリングより)

フォアキャスト思考とバックキャスト思考

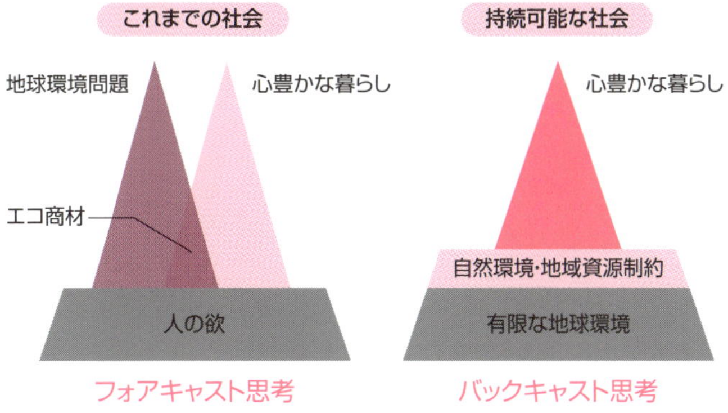

これまでの社会
地球環境問題
心豊かな暮らし
エコ商材
人の欲
フォアキャスト思考
持続可能な社会
心豊かな暮らし
自然環境・地域資源制約
有限な地球環境
バックキャスト思考

出典:
「地下資源文明から生命文明へ　人と地球を考えたあたらしいものつくりと暮らし方のか・た・ちーネイチャー・テクノロジー」
(石田秀輝、古川柳蔵、東北大学出版会、2014)

65 日本の現状と世界との距離

後塵を拝する日本

バイオミメティクス（Biomimetics）は国際標準として定められた名称ですが、米国ではBiomimicry、ドイツではBionic、フランスではBiomimétismeなど呼び方が異なります。単なる生物の形状を模倣するだけでなく、生物の機能を工学的に応用することがバイオミメティクスですが、その考え方は、自然環境や持続性などと大きな結びつきがあります。各国の呼び方は、自然に学ぶという哲学的思想を併せ持った幅広い意味を持っています。そして、バイオミメティクスを推進するために企業・大学・政府が連携して活動しています。

日本では、古くは合成繊維産業で生物を模倣した製品開発が行われ、1960年代後半には人工皮革が商品化され、また、80年代にはハスの葉の撥水効果がある布地が販売されています。最近では、モルフォチョウを模倣した構造発色繊維やカワセミのくちばしの形状を模倣した新幹線など、日本の技術が世界的にも有名になっています。

しかし、日本では個別企業が独自に開発した製品にとどまり、バイオミメティクスの産業利用を推進するための組織や国内のネットワークがないことが問題でした。最近、いくつかの研究会や推進団体が立ちあがりネットワークが築かれつつありますが、ドイツでは2001年に推進団体であるBIOKONが立ち上がり、中核的な組織となっていることを考えると、日本は後塵を拝していると言わざるを得ません。日本は、バイオミメティクスの国際標準化の活動にも参加し、知識基盤構築を国際委員会で提案しています。ドイツやフランスが先導する中、日本が周回遅れにならないために、バイオミメティクス推進戦略が必要とされています。また、消費者がバイオミメティクスの価値を認識し新たな市場が形成されることも、この分野の発展には必要とされています。

要点BOX

- ●産業利用を推進する組織
- ●国際標準化
- ●産学官連携

世界の動向と日本の遅れ

バイオミメティクス推進団体　　政府政策

BIOKON(2001)

フランス持続可能性戦略(2004)

Biomimicry Institute (2006)

生物多様性戦略(2007)

GB 自然に学ぶ
製品デザイン戦略(2007)

ASK Nature (2007)

FR「持続可能に寄与する
科学技術(2007)

ドイツ国際標準提案(2011)
第1回国際標準化会議(2012)
標準化に向けた作業文書(ドイツ3件)

CEEBIOS (2013)

日本国際標準提案(知識基盤)(2013)
第4回国際会議(京都)(2015)

バイオミメティクス
推進協議会(2014)

イギリス･カナダの国際標準提案(予定)
(2016)

ドイツ
フランス
日本

追従する日本の戦略

- 推進団体
  国内ネットワークの構築
- 標準化
  知識基盤の国内の優先利用
- 政府政策
  環境政策、産業政策
- 市場形成
  技術の啓蒙活動
  顧客(市場)の意識改革

66 インダストリー4.0とバイオミメティクス

自律分散システムと生態系バイオミメティクス

　2015年のハノーバー・メッセは、第4の産業革命とも呼ばれる「Industrie 4.0（インダストリー4.0）」一色でした。ドイツの空気圧機器メーカーのFesto社は、「FlexShapeGripper」というカメレオンの舌にヒントを得たグリップ、「BionicANTs」という共同作業を行うアリ型ロボット、ぶつかることなく群舞するチョウ型ロボット「eMotionButterflies」の動態展示を行いました。「モノのインターネット(IoT：Internet of Things)」を中核に製造・ロジスティック・サービスを統合化したスマート・ファクトリーによるコスト削減を狙うインダストリー4.0は、ドイツの国家戦略です。そして、Festo社はインダストリー4.0 プラットフォームという産学官からなる戦略策定委員会の主要メンバーであり、また、ドイツにおけるバイオミメティクスの先導的企業でもあります。これまでFesto社が展示した生物模倣ロボットは、個々の生物が有する性質や機能にヒントを得たものでしたが、2015年の展示は群れにおける個体と個体の相互作用に着目したものになりました。複数のロボットの共同作業や生産現場におけるモニタリングシステムに応用されるものと期待されます。

　インダストリー4.0におけるFesto社の研究開発動向には、バイオミメティクスの新しいトレンドが反映されています。Industrie4.0の本質は、3Dプリントや標準化、IoTだけではなく、自律分散型の生産ならびに流通システムの確立、中央集権から地域分権、大企業から中小企業へ、エネルギー転換と地産地消、少子高齢化社会における労働力確保、フェイルセーフ、持続可能性への寄与といった次世代の産業のあるべき姿をより大きな視点で描いたビジョンと戦略です。第4の産業革命の背景には、近代科学技術の行き詰まりがあることを強く感じさせます。パラダイム変換が求められているのです。

要点BOX

- ●自律分散型の生産システムを支えるロボット
- ●バイオミメティクス標準化からうかがえるドイツの国家戦略

生産システムは中央管理から自律分散型へ

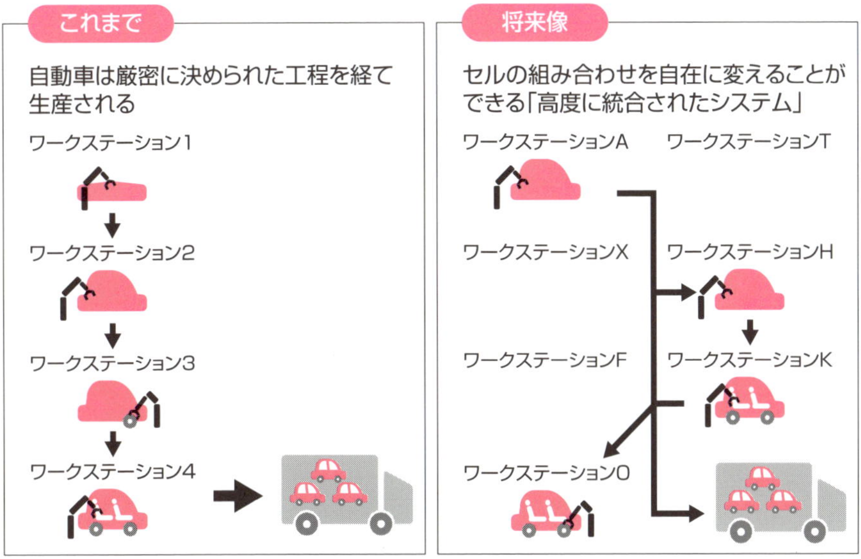
これまで
自動車は厳密に決められた工程を経て
生産される
ワークステーション1
ワークステーション2
ワークステーション3
ワークステーション4
将来像
セルの組み合わせを自在に変えることが
できる「高度に統合されたシステム」
ワークステーションA
ワークステーションT
ワークステーションX
ワークステーションH
ワークステーションF
ワークステーションK
ワークステーションO

アリやチョウを模倣した自律分散型ロボット

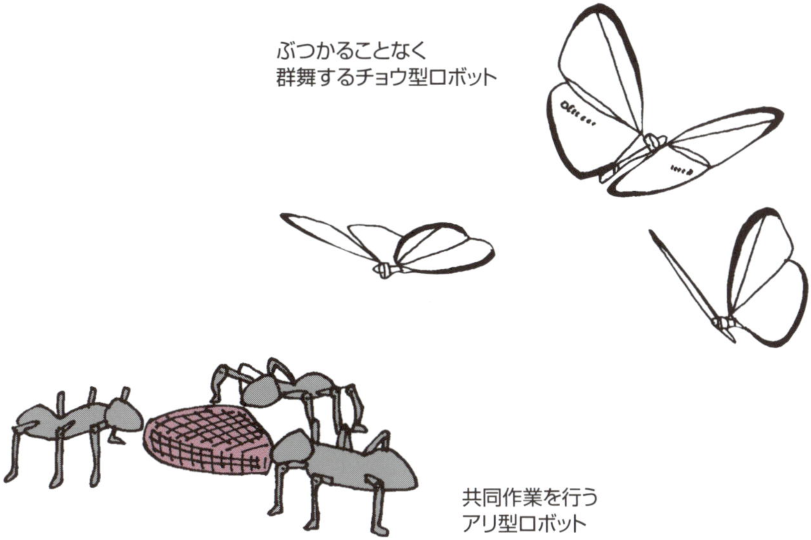
ぶつかることなく
群舞するチョウ型ロボット
共同作業を行う
アリ型ロボット

Column ⑧

だから、博物館に行こう
—サイエンスコミュニケーションとバイオミメティクス

三菱総合研究所の亀井信一氏は、Industrie 4.0を提唱したドイツには六千の博物館・美術館があり、フランスの千三百、イギリスの千八百に比べてもダントツに多いことから、自然を科学する文化風土がイノベーションの背景にあると分析しています。バイオミメティクスは古くて新しい技術です。

新しい技術には大きな可能性がある一方で、想定し得ないリスクも内在します。技術の社会受容という観点から、その技術が「出来ること」、「出来ないこと」、そして「やってはいけないこと」を常に問う必要があります。科学者、技術者が陥りがちな「科学技術至上主義」によって生み出される「村社会」の形成を抑えるものが、サイエンスコミュニケーションであり、トランスサイエンスの考え方です。

膨大な生物資源情報とも言える生物標本（インベントリー）を保存しているのは、博物館であり、動物園であり、その存在はバイオミメティクス研究の基盤であるとともに、娯楽の場であり、啓蒙の場であり、教育の場であり、自然と人間のコミュニケーションを考える場でもあるのです。

COPYING NATURE
Lernen von der Natur
「Lernen von der Natur」は「自然に学ぶ」の意味

【参考文献】

「ヤモリの指─生きもののスゴい能力から生まれたテクノロジー」ピーター・フォーブズ　早川書房

「自然と生体に学ぶバイオミミクリー」ジャニン・ベニュス　オーム社

「ヤモリの指から不思議なテープ」松田素子、江口絵理、石田秀輝　アリス館

「自然にまなぶ！ネイチャー・テクノロジー　暮らしをかえる新素材・新技術１１５」石田秀輝、下村政嗣　学研パブリッシング

「自然界はテクノロジーの宝庫　未来の生活はネイチャー・テクノロジーにおまかせ！」石田秀輝、古川柳蔵　技術評論社

「地球が教える奇跡の技術」石田秀輝＋新しい暮らしとテクノロジーを考える委員会　祥伝社

「生物の多様性に学ぶ新世代バイオミメティック材料技術の新潮流」下村政嗣　文部科学省政策科学研究所 科学技術動向ウェブページ

「生物模倣技術と新材料・新製品開発への応用」文部科学省科学研究費新学術領域「生物規範工学」、高分子学会バイオミメティクス研究会、エアロアクアバイオメカニズム学会　技術情報協会

「昆虫はすごい」丸山宗利　光文社

「生物に学ぶイノベーション─進化38億年の超技術」赤池学　ＮＨＫ出版

「自然をまねる、世界が変わる─バイオミミクリーが起こすイノベーション」ジェイ・ハーマン　化学同人

「エアロアクアバイオメカニクス─生きものに学ぶ泳ぎと飛行のしくみ」エアロ・アクアバイオメカニズム研究会　森北出版

「バイオミメティクスの世界」白石拓　宝島社

「図説　生物たちの超技術」志村史夫　洋泉社

「絵でわかる昆虫の世界─進化と生態」藤崎憲治　講談社

「生物流体力学」谷下一夫、山口隆美　朝倉書店

「生物から学ぶ流体力学」望月修、市川誠司　養賢堂

「昆虫ミメティックス─昆虫の設計に学ぶ」下澤楯夫、針山孝彦　エヌ・ティー・エス

「次世代バイオミメティクス研究の最前線─生物多様性に学ぶ」下村政嗣　シーエムシー出版

「生物の形や能力を利用する学問─バイオミメティクス」篠原現人、野村周平　東海大学出版会

「生き物たちの情報戦略─生存をかけた静かなる戦い」針山孝彦　化学同人

「環境生物学 ─地球の環境を守るには」針山孝彦、津田基之　共立出版

「生物学のための水と空気の物理」マーク・デニー　エヌ・ティー・エス

椿　玲未	海洋研究開発機構	海洋生命理工学研究開発センター ポストドクトラル研究員	53
出口　茂	海洋研究開発機構	海洋生命理工学研究開発センター長	52
野村　周平	国立科学博物館	動物研究部陸生無脊椎動物研究グループ 研究主幹	56 ③
長谷川　誠	富士通総研	公共事業部 シニアコンサルタント	60
長谷山　美紀	北海道大学	大学院情報科学研究科 教授	58
針山　孝彦	浜松医科大学	医学部医学科生物学 教授	17 30 31
平井　悠司	千歳科学技術大学	理工学部応用化学生物学科 専任講師	18
平坂　雅男	高分子学会	常務理事、事務局長、工学博士	40 62 65
広瀬　治子	帝人 構造解析センター	形態構造解析グループリーダー	11
藤井　秀司	大阪工業大学	工学部応用化学科 准教授	23
藤平　祥孝	金沢大学	自然科学研究科	63
不動寺　浩	物質·材料研究機構	先端フォトニック材料ユニット 主席研究員	13
古川　柳蔵	東北大学	大学院環境科学研究科 准教授	64
穂積　篤	産業技術総合研究所	構造材料研究部門材料表界面グループ 研究グループ長	6 7
細田　奈麻絵	物質·材料研究機構	ハイブリッド材料ユニット インターコネクト デザイングループ グループリーダー	16
松浦　啓一	国立科学博物館	名誉研究員、魚類学	⑥
松尾　行雄	東北学院大学	教養学部情報科学科 教授	25
溝口　理一郎	北陸先端科学技術大学院大学	サービスサイエンス研究センター 特任教授	57
光野　秀文	東京大学	先端科学技術研究センター 特任助教	32
室崎　喬之	旭川医科大学	医学部化学教室 助教	20
森　直樹	京都大学大学院	農学研究科応用生命科学専攻 教授	34
山内　健	新潟大学	工学部機能材料工学科 教授	59
山口　哲生	九州大学	大学院工学研究院機械工学部門 准教授	15
吉岡　伸也	東京理科大学	理工学部物理学科 准教授	12
劉　浩	千葉大学	工学研究科 教授	37

■は本文、○はコラム

執筆者一覧

阿多　誠文	日本ゼオン	総合開発センター 研究企画管理部 キャタリスト(ナノテクノロジー戦略領域)	61
石井　大佑	名古屋工業大学	大学院工学研究科物質工学専攻 准教授	8
石田　秀輝	地球村研究室	代表、東北大学名誉教授	36 64
井須　紀文	LIXIL	分析・評価センター長	9
魚津　吉弘	三菱レイヨン	フェロー	10
内山　愉太	金沢大学	人間社会環境研究科	63
大園　拓哉	産業技術総合研究所	機能化学研究部門動的機能材料グループ グループ長	19
奥田　隆	農業生物資源研究所	昆虫機能研究開発ユニット 上級研究員	51
尾崎　まみこ	神戸大学	大学院理学研究科 教授	33
木戸秋　悟	九州大学 先導物質化学研究所	医用生物物理化学分野 教授	42
黒川　孝幸	北海道大学	大学院先端生命科学研究院 准教授	43
香坂　玲	金沢大学	人間社会環境研究科 准教授	63
古崎　晃司	大阪大学	産業科学研究所 准教授	57
小林　俊一	信州大学	繊維学部機械・ロボット学科 教授	39
小林　秀敏	大阪大学	大学院 基礎工学研究科 機能創成専攻 教授	59
小林　元康	工学院大学	先進工学部 応用化学科 教授	24
齋藤　彰	大阪大学、 理化学研究所*	工学研究科精密科学専攻 准教授、 SPring-8 BL基盤研究部 客員研究員*	14 38
下澤　楯夫	北海道大学	名誉教授、理学博士	27 28
下村　政嗣	千歳科学技術大学	理工学部応用化学生物学科 教授	1 2 3 4 5 22 29 35 41 44 45 46 47 48 49 50 54 55 66 ① ② ④ ⑤ ⑦ ⑧
関谷　瑞木	産業技術総合研究所	ナノチューブ実用化研究センター	61
高久　康春	浜松医科大学	医学部医学科生物学 特任助教	21
高梨　琢磨	森林総合研究所	森林昆虫研究領域 主任研究員	26
竹市　裕介	神戸大学	大学院理学研究科	33
田中　博人	東京工業大学	大学院理工学研究科 准教授	37

今日からモノ知りシリーズ
トコトンやさしい
バイオミメティクスの本

NDC 500

2016年3月31日　初版1刷発行
2025年3月28日　初版4刷発行

©編著　下村 政嗣
　編　高分子学会バイオミメティクス研究会
発行者　井水 治博
発行所　日刊工業新聞社
東京都中央区日本橋小網町14-1
(郵便番号103-8548)
電話　書籍編集部　03(5644)7490
　　　販売・管理部　03(5644)7403
FAX　03(5644)7400
振替口座　00190-2-186076
URL　https://pub.nikkan.co.jp/
e-mail　info_shuppan@nikkan.tech
印刷・製本　新日本印刷

●DESIGN STAFF
AD――――――志岐　滋行
表紙イラスト―――黒崎　玄
本文イラスト―――小島　サエキチ
ブック・デザイン――大山　陽子
（志岐デザイン事務所）

●
落丁・乱丁本はお取り替えいたします。
2016 Printed in Japan
ISBN　978-4-526-07527-8　C3034
●
本書の無断複写は、著作権法上の例外を除き、
禁じられています。

●定価はカバーに表示してあります

●編著者
下村 政嗣（しもむら まさつぐ）

1954年福岡市生まれ。九州大学工学部合成化学科を卒業、大学院修了後に助手、東京農工大学工学部助教授、北海道大学電子科学研究所教授、同ナノテクノロジー研究センターセンター長、理化学研究所フロンティア研究システムチームリーダー（兼任）、東北大学多元物質科学研究所教授、同原子分子材料科学高等研究機構主任研究者、公立千歳科学技術大学教授、同客員教授。工学博士、北海道大学名誉教授、東北大学名誉教授、公立千歳科学技術大学名誉教授。

●編集グループ
高分子学会バイオミメティクス研究会

大学、博物館、研究機関、企業、科学政策機関などからの問題提起と意見交換を行うプラットフォームとして、高分子学会と関連学協会との連携のもとに2011年に発足。バイオミメティクス国際標準化の国内審議機関。

文部科学省科学研究費新学術領域「生物規範工学」

自然史学と情報科学で構築した「バイオミメティクス・データベース」により生物から工学への技術移転を行い、環境政策の観点から技術体系を創出するとともに、生物学と工学に通じた人材を育成する時限プロジェクト（2012年～2016年）。